"十三五"国家重点图书出版规划项目

画说棚室芹菜绿色生产技术

中国农业科学院组织编写

肖万里　编著

中国农业科学技术出版社

图书在版编目（CIP）数据

画说棚室芹菜绿色生产技术 / 肖万里编著 . —北京：
中国农业科学技术出版社，2019.1
ISBN 978-7-5116-3722-2

Ⅰ . ①画… Ⅱ . ①肖… Ⅲ . ①芹菜—温室栽培—图解
Ⅳ . ① S626.5-64

中国版本图书馆 CIP 数据核字 (2018) 第 111085 号

责任编辑　李冠桥　闫庆健
责任校对　马广洋

出 版 者　中国农业科学技术出版社
　　　　　北京市中关村南大街 12 号　邮编：100081
电　　话　（010）82109705（编辑室）（010）82109702（发行部）
　　　　　（010）82109709（读者服务部）
传　　真　（010）82106625
网　　址　http://www.castp.cn
经 销 者　各地新华书店
印 刷 者　北京地大天成文化发展有限公司
开　　本　880mm×1 230mm　1 /32
印　　张　3.5
字　　数　76 千字
版　　次　2019 年 1 月第 1 版　2020 年 11 月第 4 次印刷
定　　价　25.00 元

编委会

《画说『三农』书系》

序言

《画说『三农』书系》

　　农业、农村和农民问题，是关系国计民生的根本性问题。农业强不强、农村美不美、农民富不富，决定着亿万农民的获得感和幸福感，决定着我国全面小康社会的成色和社会主义现代化的质量。必须立足国情、农情，切实增强责任感、使命感和紧迫感，竭尽全力，以更大的决心、更明确的目标、更有力的举措推动农业全面升级、农村全面进步、农民全面发展，谱写乡村振兴的新篇章。

　　中国农业科学院是国家综合性农业科研机构，担负着全国农业重大基础与应用基础研究、应用研究和高新技术研究的任务，致力于解决我国农业及农村经济发展中战略性、全局性、关键性、基础性重大科技问题。根据习总书记"三个面向""两个一流""一个整体跃升"的指示精神，中国农业科学院面向世界农业科技前沿、面向国家重大需求、面向现代农业建设主战场，组织实施"科技创新工程"，加快建设世界一流学科和一流科研院所，勇攀高峰，率先跨越；牵头组建国家农业科技创新联盟，联合各级农业科研院所、高校、企业和农业生产组织，共同推动我国农业科技整体跃升，为乡村振兴提供强大的科技支撑。

组织编写《画说"三农"书系》，是中国农业科学院在新时代加快普及现代农业科技知识，帮助农民职业化发展的重要举措。我们在全国范围遴选优秀专家，组织编写农民朋友用得上、喜欢看的系列图书，图文并茂展示先进、实用的农业科技知识，希望能为农民朋友提升技能、发展产业、振兴乡村做出贡献。

中国农业科学院党组书记 张合成

2018 年 10 月 1 日

内容提要

《画说棚室芹菜绿色生产技术》

本书以图文并茂的形式系统介绍了棚室芹菜栽培的关键技术。内容包括：绪论，芹菜栽培的生物学基础，芹菜大棚的选址与建造，芹菜品种选购与优良品种介绍，保护地芹菜栽培管理技术，芹菜主要病虫草害与生理性病害的识别与防治，芹菜的采后处理、贮藏等。本书对芹菜栽培管理的方法、常见病虫害的为害症状等配有图片，读者能够快速掌握棚室芹菜栽培的技术关键。本书中的文字描述通俗易懂、易于掌握；栽培管理技术来源于生产实践，实用性强；所用图片拍摄于田间大棚，针对性强，便于蔬菜种植户、家庭农场以及农技推广人员学习掌握，农业院校相关专业师生也可阅读参考。

《画说棚室芹菜绿色生产技术》受到了潍坊科技学院和"十三五"山东省高等学校重点实验室设施园艺实验室的项目支持，在此表示感谢！

目 录

第一章　绪论

第一节　芹菜的名称由来

芹菜属伞形花科芹属，二年生草本植物。别名芹、旱芹、药芹菜、野芫荽等。芹菜在我国栽培历史悠久，种植分布广泛。我国北方夏季不太炎热，冬季严寒，适宜芹菜露地栽培的季节为春、夏、秋三季，冬季可利用设施进行保护地生产（图 1-1-1）。由于芹菜适应性较广，基本上可以做到周年供应。

芹菜营养丰富，据测定，每 100 克可食用部分中含蛋白质 0.7 克，脂肪 0.1 克，碳水化合物 5.0 克，钙 37.0 毫克，铁 1.4 毫克，磷 45.0 毫克，维生素 B_1 1.03 毫克，维生素 B_2 1.20 毫克，维生素 C 10.0 毫克。据营养学家对叶柄和

图 1-1-1　棚室芹菜

叶进行的 13 个项目的营养成分含量的分析，芹菜叶的营养比叶柄高得多，芹菜叶有 10 个项目超过叶柄。

芹菜自古以来就作为药用，芹菜性味甘凉，有平肝清热、祛风利湿、健胃利血、调经镇静、降低血压及健脑等功效。随着人们生活水平的提高和科学研究的进展，芹菜除作为蔬菜食用外，还可为香料生产和医药工业提供重要原料，在国民经济发展中起重要作用。

第二节　芹菜的起源与传播

芹菜起源于地中海沿岸地区。约在 2000 年前从古希腊、罗

马时代起，芹菜的栽培种和野生种就用作药材和香料。但对其作为食用起始年代尚不甚清楚。17世纪末至18世纪，芹菜在意大利、法国和英国得到了进一步改良，芹菜的叶柄变得肥厚，以作为凉拌菜食用。18世纪中期在瑞典已行窖贮，1693年萨尔蒙记述了芹菜的软化栽培法。芹菜于汉代由高加索传入我国，最初作为观赏植物种植，后作食用，并逐渐培育成细长叶柄型。

第三节　芹菜生产的重要性

芹菜营养丰富，药用价值高，属于保健蔬菜。芹菜含有蛋白质、碳水化合物、脂肪、维生素及矿物质，其中磷和钙的含量较高。芹菜是夏日佳菜，因为它性味清凉，可降血压、血脂，更可清内热，常吃芹菜对高血压、血管硬化、神经衰弱、小儿软骨病等有辅助治疗作用，同时芹菜还含有挥发性的芹菜油，具香味，能促进食欲。

据现代科学化验，芹菜含有芫荽（即芫茜）苷、甘露醇、烟酸、挥发油等化学物质，是人体不可缺少的物质，有促进鱼、肉消化作用，可治疗高血压，患高压者常吃芹菜可降压。

芹菜含有大量纤维，是高纤维食物，它经肠内消化作用产生一种木质素或肠内脂的物质，这类物质是一种抗氧化剂，经常食用可预防大肠癌。最近，日本有关方面的科研人员经研究实验发现，常食芹菜可美白皮肤，芹菜中的某些成分对黑色素，尤其对因紫外线照射而生成的黑色素的生长有抑制作用。

图1-3-1　凉拌芹菜

古往今来，人们对芹菜十分嗜好。相传唐代宰相魏征，对饮食相当讲究，也嗜芹菜如命，几乎每日都用糖醋拌之佐膳（图1-3-1）。

综上，无论是芹菜本身的食用药用价值，还是古往今来，人们对芹菜的嗜好，都反映了芹菜在生产上的重要性和人们生活的必需性。

第四节　芹菜的生产现状及其存在问题

　　一是芹菜市场信息渠道不通畅，导致生产盲目。由于对市场缺少宏观的了解和准确地把握，生产中不是有的放矢，而是凭经验、凭感觉种植，给该产业造成不应有的损失。从整体来看，部分地区农业的市场环境、市场发育程度、流通秩序和信息服务等还不够完善，产地批发零售市场基础设施仍然稍落后，市场对生产的引导难以充分发挥。菜农由于缺乏供求信息的引导，难以预测芹菜产销趋势，信息不灵、渠道不通畅不仅影响了菜农的经济效益，同时也造成生产资料及劳动力资源的浪费。

　　二是未形成完整有效的生产体系，芹菜种植、加工管理水平还相对落后，未形成完整有效的种植、储藏加工体系，芹菜集中上市的现象个别地方仍然存在，芹菜价格波动较大。芹菜质量水平还不够高，个别地区芹菜质量安全水平还不够高，仍然个别存在农药残留超标的问题，不能大量进入国内超市和走出国门。有的地区生产的芹菜质量虽然较好，但分级、包装等产后工艺仍存在落后现象，影响了产品的档次和水平。芹菜生产特别是设施芹菜生产保险参保率还有待进一步提升。部分地区虽然种植芹菜，但集约化生产的规模不足，规模效益难以显现。

　　综上，芹菜生产虽然技术水平有了大的提升，但仍然有进一步提档升级的空间。

第二章　芹菜栽培的生物学基础

第一节　芹菜的植物学特征及分类标准

芹菜的植物特征（形态特征）如下。

一、根

芹菜的根系（图2-1-1）为浅根系，根系一般分布在7~36厘米的土层内，但多数根群分布在7~10厘米的表土层，横向扩展最大30厘米左右。由于根系分布浅，因此芹菜不耐旱，直播的芹菜主根系较发达，经移植的主根被切断而促进侧根的发达，因而芹菜适宜育苗移栽和无土栽培。

图2-1-1　芹菜根系（左：本芹根系；右：西芹根系）

二、茎

茎（图2-1-2）在营养生长期为短缩状，生殖生长期伸长成为花苔，并可产生一二级侧枝。经得横切面成近圆形、半圆形或扇形（图2-1-3）。

图 2-1-2　芹菜茎

图 2-1-3　芹菜茎横切
面（扇形）

三、叶

叶（图 2-1-4）着生在短缩
茎的基部，为二回奇数羽状复叶，
每一叶有 2~3 对小叶和 1 片尖端
小叶。叶为卵形 3 裂。边缘锯齿状。
叶柄较发达，为主要食用部分。
叶柄横截面直径为 1~4 厘米不等。
叶柄中各个维管束的外层为厚壁
组织，并突起形成纵棱，故使叶

图 2-1-4　芹菜叶

柄能直立生长。厚壁组织的发达程度与品种和栽培条件有密切关
系。尤其在高温、干旱和氮肥不足的情况下，厚壁组织和维管束

图 2-1-5　青芹

发达。若厚壁组织过于发达，则
纤维多品质差。

芹菜按其叶柄颜色又可分
为青芹（图 2-1-5）、白芹（图
2-1-6）、黄芹（图 2-1-7）。芹
菜以其叶柄的形态分为本芹（即
中国类型）和洋芹（即西芹、欧
洲类型）两个类型。本芹叶柄细
长，高 100 厘米左右。

图 2-1-6　白芹

图 2-1-7　黄芹

四、花

芹菜为二年生蔬菜,第二年开花,花(图 2-1-8)为复伞形花序,花小、白色,花冠 5 个,离瓣;虫媒花,通常为异花授粉,但自交也能结实。

图 2-1-8　芹菜花

有休眠期,发芽慢,收获时不易发芽,高温下发芽更慢,在有光条件下比黑暗条件容易发芽。种子千粒重 0.4 克左右。生产上播种用的种子实际上是植物学上的果实。

五、果实

果实（图 2-1-9）为双悬果,圆球形,果实中含挥发性芳香油脂,有香味。成熟时沿中线裂为两半果,但并不完全开裂,种子成褐色,种皮革质,内含一粒种子,种子粒小,椭圆形,表面有纵纹,透水性能差。

图 2-1-9　芹菜种子

根据芹菜的植物特征（形态特征），可将芹菜进行如下分类。

按照叶柄的形态分为本芹（即中国类型）和洋芹（即西芹、欧洲类型）两个类型。按照叶色进行分类，芹菜主要有绿色、黄色、白色三种。绿色的芹菜品种常见的有绿梗芹菜、大叶芹菜、春丰芹菜、津南冬芹、津南实芹1号、津南实芹2号、玻璃脆芹菜、犹他系列、佛罗里达683、高金、意大利冬芹、意大利夏芹、SG抗病西芹、百利西芹、美国加州皇芹菜、四季西芹、美国文图拉、英皇、种都西芹王、美国西芹王等，黄色常见的有黄心芹、金黄芹菜、康乃尔19等，白色的常见的有乳白梗芹菜、北京细皮白、雪白实芹、雪白芹菜等。

第二节　芹菜的生长发育周期

在二年的生长发育周期内，芹菜要经过以下6个时期。

一、发芽期

种子萌动到子叶展开，15~20℃需10~15天。

二、幼苗期（图2-2-1）

子叶展开到有4~5片真叶，20℃左右需45~60天，为定植适期。幼苗期适应性较强，可耐30℃左右的高温和4~5℃低温。

图2-2-1　穴盘育苗

三、叶丛生长初期

4~5 片真叶到 8~9 片真叶。植株高达 30~40 厘米，在 18~24℃ 适温下需 30~40 天，遇 5~10℃ 低温 10 天以上易抽薹。

四、叶丛生长盛期

8~9 片真叶到 11~12 片真叶。此时叶柄迅速肥大增长，生长量占植株总量的 70%~80%，12~22℃ 时需 30~60 天，为采收适期。

五、休眠期

采种株在低温下越冬（冬藏），被迫休眠。

六、开花结果期

越冬芹菜受低温影响通过春化，营养苗端在 2~5℃ 时开始转化为生殖苗端。春季在 15~20℃ 和长日照下抽薹，形成花蕾，开花结籽。

第三节 芹菜对环境条件的要求

一、对温度的要求

芹菜属于耐寒性蔬菜，要求较冷凉湿润的环境条件，在高温干旱条件下生长不良。芹菜在不同的生长发育时期，对温度条件的要求是不同的。

发芽期最适温度为 15~20℃，低于 15℃ 或高于 25℃，则会延迟发芽的时间和降低发芽率。适温条件下，7~10 天就可发芽。

幼苗期对温度的适应能力较强，能耐 -4~-5℃ 的低温。幼苗在 2~5℃ 的低温条件下，经过 10~20 天可完成春化。幼苗生长的最适温度在 15~23℃。芹菜在幼苗期生长缓慢，从播种到长出一个叶环大约要 60 天的时间。因此，芹菜多采用育苗移栽的方式栽培。

第二章　芹菜栽培的生物学基础

定植至收获前这个时期是芹菜营养生长的旺盛时期。此期生长的最适宜温度为15~20℃。温度超过20℃则生长不良，品质下降，容易发病。芹菜成株能耐 –7~–10℃的低温。秋芹菜之所以能高产优质，就是因为秋季气温最适合芹菜的营养生长。

二、对土壤的要求

芹菜对土壤的要求较严格，需要肥沃、疏松、通气性良好、保水保肥力强的壤土或黏壤土。沙土及沙壤土易缺水缺肥，使芹菜叶柄发生空心。在土壤酸碱性方面，芹菜耐碱性比较强，在偏碱性的土壤中也可以生长。

三、对肥料、养分的要求

芹菜要求较完全的肥料，在肥料的养分组成中，由于芹菜以食用营养器官为主，对氮元素的需求量较大。在任何时期缺乏氮、磷、钾，都会影响芹菜的生长发育，而以初期和后期影响更大，尤其缺氮影响最大。苗期和后期需肥较多。初期需磷最多，因为磷对芹菜第1叶节的伸长有显著的促进作用，芹菜的第1叶节是主要食用部位，如果此时缺磷，会导致第1叶节变短。钾对芹菜后期生长极为重要，可使叶柄粗壮、充实、有光泽，能提高产品质量。在整个生长过程中，氮肥始终占主导地位。氮肥是保证叶片生长良好的最基本条件，对产量影响较大。氮肥不足，会显著地影响到叶的分化及形成，叶数分化较少，叶片生长也较差。此外，芹菜对硼较为敏感，土壤缺硼时在芹菜叶柄上出现褐色裂纹，下部产生劈裂、横裂和株裂等，或发生心腐病，发育明显受阻。

四、对水分的要求

芹菜属于浅根系蔬菜，吸水能力弱，耐旱力弱，蒸发量又大，对土壤水分要求较严格，需要湿润的土壤水分和空气条件。播种后床土要保持湿润，以利幼苗出土；营养生长期间要保持土壤和空气湿润状态，否则叶柄中厚壁组织加厚，纤维增多，甚至植株易空心老化，使产量及品质都降低。在栽培中，要根据土壤和天

9

气情况，充分地供应水分。

五、对光照的要求

芹菜耐阴，出苗前需要覆盖遮阳网，营养生长盛期喜中等光强，后期需要充足的光照。光照过强要有遮阳网挡阴。长日照可以促进芹菜苗端花芽分化，促进抽薹开花；短日照可以延迟成花过程，而促进营养生长。因此，在栽培上，春芹菜适期播种，保持适宜温度和短日照处理，是防止抽薹的重要管理措施。

第一节　芹菜大棚的选址

建造大棚（图3-1-1，图3-1-2）的场地应地势平坦，向阳，场地东、西、南无高大建筑物树木遮阳。不仅仅是这些障碍物的阴影不能遮住温室，而且实践证明，温室周围5米以内的土壤最好也不被遮阳，以防止土温过低加速温室内土壤向外的热传导。在山区，建棚处应避开风口，坡地处建棚应在南坡。建棚处土壤要肥沃，排水良好，地下水位低。

图3-1-1　大棚（大拱棚）

土壤要疏松肥沃，地下水位低。建造日光温室（冬暖式大棚）（图3-1-2）必须选择地势高且富含有机质的壤土或沙壤土。在温室的建造过程中，要避开河套、山川等山口风道，这些地方在冬春季节也往往是风道口，易发生风灾。靠近道路的地段，经常尘土飞扬，烟囱排放出大量的烟尘，污染空气，同时也会给温室薄膜造成严重的尘土污染，所以在建

图3-1-2　日光温室（冬暖式大棚）

造日光温室（冬暖式大棚）（图3-1-2）时，必须远离尘土污染严重的地带。温室建设场地最好靠近水源和电源。

在温室建造过程中，要充分利用地形，靠近交通要道和村庄，

以利于生产管理和销售。温室最好建于村南，利于村庄阻挡北风。有些菜农将温室建于向阳的坡地上，挖除一部分土后，利用坡地作后墙，同时也利用坡地挡风，但要注意在温室后1米处，挖一条超过当地冻土层厚度，宽25~30厘米的防寒沟，在沟内填实稻草或杂草，其上覆盖薄膜，膜上压土，以此隔断后墙传热。

大棚的方位确定：南北向大棚透光量比东西向大棚多5%~7%，光照分布均匀，棚内白天温度变化平缓。大棚多采用南北走向。南偏西角度在15°以内。当建设有后墙的大棚时，应采用东西走向。

第二节　常见塑料大棚类型及结构要求

目前较常见的塑料大棚类型有：水泥立柱钢架结构大棚（图3-2-1）、组装式钢管结构大棚、南方普通竹木结构大棚、南方多样式竹木结构大棚等。

图3-2-1　水泥立柱钢架大棚

一、塑料大棚对棚形结构的要求

塑料大棚的结构要求安全、经济、有效、可靠。其结构要合理，骨架薄膜要牢固可靠。棚内温度、光照条件优良，通风降湿方便。

为做到这些，首先要求较高棚体，一般大型棚高度为 3 米，小型简易棚高为 2 米，依据需求具体选择。其次，大棚高度与宽度比例要合理。雨水少的地区，大棚可宽些，顶部可平些，高、宽比例为 1 ：（4~5）。在雨水较大的南方，要加大坡度，以利排水。最后，大棚断面要呈弧形，不宜有棱角，否则薄膜易损坏，易积水。

二、水泥立柱钢架大棚设计与建造技术

（一）大棚设计及建造基础知识

设计建造塑料大棚要综合考虑大棚的采光性、棚架的稳固性、空气的交换流动性、投入成本的经济划算、土地的集约利用和耕作整地的机械化应用等方面的问题。大棚的采光性能与覆盖物、大棚高度和拱杆材料有关，而稳固性与棚架材料、棚面的弧度、大棚高跨比和长跨比有密切关系。

1. 大棚高跨比

为减小风荷载，提高抗风能力，带肩的大棚高跨比为 0.12~0.20。高跨比的计算方法为：高跨比 =（顶高 – 肩高）/ 跨度，例如：大棚顶高 3.2 米、肩高 2.0 米、跨度 8.0 米，则该栋大棚的高跨比为 0.15。建造塑料大棚时，如跨度在 6~8 米，则肩高到顶高的高度为 0.8~1.2 米；如跨度在 9~12 米，则肩高到顶高的高度为 1.2~1.5 米。一般跨度越宽，则肩高到顶高的高度应相应增加。

2. 棚的方位、大小和布局

一般多采用南北为长、东西为宽的方位建造，这样建设的大棚光照分布均匀，受光量较东西向为长的棚采光好，据生产实践高为 5%~7%，白天温度变化比较平稳，抗风能力较强。大棚以长 40~60 米为宜，一般不超过 80 米。过长不便管理、牢固性降低和棚内通风效果差；单栋棚跨度一般 8~10 米，顶高 3.2~3.5 米，肩高 2.0~2.1 米，过高会造成棚内地表层光照不足、降低大棚的牢固性；棚与棚间东西向间距至少 2 米以上，南北间距 4 米以上。

3. 大棚场地选择

建造塑料大棚应选择地势平坦，土质疏松肥沃，地下水位低，

光照充足，南、东、西三面没有遮阳物体，有便利的灌溉条件和排水条件的地方。

（二）水泥立柱钢架大棚建设材料及主构件制作

1. 大棚建设材料

水泥立柱大棚建设材料主要为水泥预制柱、φ40 镀锌管材、φ20 镀锌管材、φ15 镀锌管材、槽钢、卡槽卡簧等。

2. 水泥预制柱浇铸

柱高 270 厘米，直径粗 11 厘米，内置 4 根 φ6 的钢筋，顶端钢筋露出 3 厘米，一般浇铸成圆形较好。

3. 焊制扇架上弦弧弓

采用 φ20 或 φ15 镀锌管，下弦拉筋采用 φ15 镀锌管，用 φ15 镀锌管做拉花；跨度为 8.0 米的扇架，上弦弧弓长 9.0 米，下弦拉筋长 8.0 米，煽架内置两个三角形结构拉花。

4. 侧面结构

侧面间隔 4.0 米安装 1 根水泥立柱，两根立柱间安装 2 根 φ15 镀锌管，间距 1.33 米，镀锌管与纵向梁条、卡槽焊接牢。

5. 端面结构

端面 5 根水泥立柱，间隔 2.0 米一根，中柱高 3.9 米，下埋田面以下 0.7 米，田面到顶 3.2 米，肩柱高 2.7 米，下埋田面以下 0.7 米，田面到顶高 2.0 米，肩柱和中柱正中各安装一个水泥立柱，田面到顶高 2.9 米。水泥立柱顶焊接一道 φ15 镀锌管拱杆，肩高处水平焊接一道 φ15 镀锌管，并在其上焊接一道卡槽；距离立柱 1.0 米处竖向垂直安装 3 道 φ15 镀锌管，田面处水平焊接一道 φ15 镀锌管，并在其上焊接一道卡槽。

（三）单栋无中柱大棚建造

1. 棚型结构

单跨为一座，跨度 8 米宽，顶高 3.2 米，肩高 2.0 米，（高跨比为 0.15），棚长 60 米，水泥预制柱做肩柱，水泥立柱间距 4.0 米。横向每排水泥立柱上焊制一道弧形扇架，即扇架间距 4.0 米，一共需14道扇架。棚正顶采用 $\phi40$ 镀锌管材做纵向梁条，两侧肩柱顶采用 $\phi25$ 镀锌管材做纵向梁条，拱顶和肩柱之间采用 $\phi20$ 镀锌管材做纵向梁条。在两弧形扇架之间每隔1.33米安装一根拱杆，两扇架间安装2根拱杆，材料为采用 $\phi15$ 镀锌管。棚正顶不安装卡槽，侧面安装3道卡槽，即肩柱顶处纵向1道卡槽，肩柱脚田面处纵向1道卡槽，距离田面0.8米处安装一道卡槽。

2. 大棚骨架材料用量

大棚建造所需材料见表3-2-1。

表3-2-1 480平方米大棚材料用量概算表

材料名称	规格（厘米）	单位	数量	用途
水泥柱	390×11	根	6	端面柱
水泥柱	270×11	根	32	肩柱
镀锌管	600×φ25（壁厚1.5）	根	20	肩柱顶梁条
镀锌管	600×φ40（壁厚1.5）	根	10	棚正顶梁条
镀锌管	600×φ20（壁厚1.5）	根	20	棚正顶与肩柱间纵向梁条
镀锌管	600×φ15（壁厚1.2）	根	155	拱杆、扇架拉花、两肩柱间假撑杆、扇架间拉杆
卡槽	6米长卡槽	根	67	压膜
角钢门	200×200	道	2	棚门
棚膜	PE0.08×900	千克	45	
焊条			若干	
压膜绳			若干	

3. 安装

（1）深埋肩柱立柱间距4.0米，田间挖坑下埋深度0.7米，顶高一致。

（2）安装侧面立柱纵梁在水泥肩柱顶端上方，沿棚向安装 $\phi25$ 镀锌管，镀锌管与水泥柱顶端的钢筋焊牢，管与管间焊接好。

（3）焊骨架每隔 4.0 米，在每排水泥柱上焊一道扇架，扇顶梁条用 φ40 或 φ32 的镀锌管，要求梁条与梁条、梁条与扇架、梁条与拱杆焊接牢固，扇架正下方采用 φ15 镀锌管材将所有扇架连接。

（4）焊拱杆每两道扇架之间安装 2 道拱杆，材料为 φ15 镀锌管材，间距为 1.33 米。

（5）焊卡槽棚正顶不安装卡槽，侧面安装 3 道卡槽，即肩柱顶处纵向 1 道卡槽，肩柱脚田面处纵向 1 道卡槽，距离田面 0.8 米处安装一道卡槽。

（6）盖膜要求棚膜一定要盖平整。

三、组装式钢管大棚的类型与组装注意事项

我国常用的有 gp 系列，pgp 系列，p 系列三种。组装式钢管大棚（图 3-2-2）的组装如下。

图 3-2-2　组装式钢管大棚

（一）定位

确定大棚的位置后，平整地基，在准备建棚的地面上，确定大棚的四个角，用石灰画线，埋下定位桩，而后用石灰确定拱杆的入地点，同一拱杆两侧的入地点要对称。在同一侧两个定位桩之间沿地平面拉一根基准线，在基准线上方 30 厘米左右再拉一

根水准线。

（二）安装拱杆

在拱杆下部，同一位置用石灰浆作标记，标出拱杆入土深度，使该记号至拱管端部的距离等于插入土中的深度与水准线距地面的距离之和。后用与拱杆相同粗度的钢钎，在定位时所标出的拱杆插入位置处，向地下打入深度与拱杆入土位置相同，而后将拱杆两端分别插入安装孔，使拱管安装记号对准水准线，以保证其高度一致，调整拱杆周围夯实。

（三）安装拉杆

安装拉杆有两种方式，一是用卡具连接，安装时用木锤，用力不能过猛。另一种是用铁丝绑捆，绑捆时，铁丝的尖端要朝向棚内，并使它弯曲，以防它刺破棚膜和在棚内操作的人。

（四）安装棚头

安装时要保持垂直，否则不能保持相同的间距，棚体不正降低牢固性。

（五）安装棚门

将事先做好的棚门，安装在棚头的门框内，门与门框应重叠。门应能方便开关，且关闭严密。

（六）扣膜

将膜按计划裁好，用压膜槽卡在拱架上。压膜线可用事先埋地锚的方法固定，也可在覆膜后，用木橛固定在棚两侧。

（七）安装纵向拉杆和压膜槽纵向拉杆

应保持直线，拱架间距离应一致，纵向拉杆或压膜槽的接头应尽量错开，不要使其出现在同一拱架间。棚头、纵向拉杆和压膜槽安装完成后，应力求棚面平齐，不要有明显的高低差。

四、南方普通竹木结构大棚的结构与建造注意事项

普通竹木结构大棚的宽度3~5米,高度1.8~2米,长度20~30米,较矮小,建造易,保温性好,但不宜过高过宽,否则不耐风雪压。建棚前应准备好拱架、纵向拉杆、立柱和门的材料。拱架宜用直径1.5~2厘米、长3~5米的竹竿;纵向拉杆宜用直径2~2.5厘米、长4~6米的竹竿,立柱宜用3厘米以上的粗竹竿;门选用木料。

建棚步骤如下。

(一)定位放线

一般南北方向。先按照大棚的宽度和长度,确定大棚的四个角的位置,打下定位桩,桩与桩之间拉上定位线,夯实插拱杆的地基。

(二)插绑拱架

沿大棚东西两侧的定位线,从一端开始,按50~70厘米的拱间距,插入拱架竹竿,插入深度应在40厘米以上,插好竹竿后,将同一拱架两侧的竹竿弯成同一高度的弧形,用聚丙烯包扎绳等绑成拱架。

(三)建造山墙

在南北两端的定位线的拱架下,按大棚的不同宽度插入4~6根不同高度的支柱,与拱架绑在一起筑成山墙。中间两根支柱的间距应为0.8米左右,以便安装门。

(四)绑纵向拉杆

从山墙一端开始,在拱架中间和两侧,沿长度方向,对称绑上3道纵向拉杆。

搭建时应注意:一是同一拱架应选用粗细相近的竹竿,使绑后形成的弧形相近。二是棚宽在4米以上,选用材料尺寸偏小时,为使棚架坚固,可在中部走道两侧,用较粗竹竿或木棍作立柱,

立柱间距可按实际情况而定。

五、南方多柱式竹木结构大棚的结构与建造注意事项

相对于普通竹木结构大棚，多柱式竹木结构塑料大棚（图3-2-3）都较为宽敞：规格面积667平方米，跨度12米，长50~55米，高2.2~2.5米，每排由6根立柱支撑。

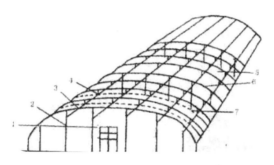

1. 门 2. 立柱 3. 拉杆 4. 吊柱 5. 棚膜 6. 拱杆 7. 压杆
图 3-2-3　多柱式竹木结构大棚

（一）定位放线

根据大棚的跨度，先引出1条南北延长的中心线，在其东西两侧确定立柱的位置，跨度10米的大棚设6行立柱，行间距离为1.5米；跨度为15米的大棚设8行立柱，行间距离为1.8米；两侧边柱距边缘均为1.2米。确立每行立柱的位置后，再从一端开始以1~1.2米的距离确立每根立柱的位置。

（二）原材料的加工

先按设计中、边、侧三种立柱的长度进行挑选竹、木材料，将其中过长的截掉，立柱顶部的锯口要平，然后把每根立柱上的枝杈等削光，在距顶部5厘米以下的正中用木钻钻孔，以便穿铁丝固定拱杆。支柱的下部为了防腐应涂沥青，用作拱杆和压杆的竹材要求直而光滑。

（三）掘柱坑和埋立柱

根据确定的柱坑点，深挖 30~40 厘米，靠棚端的第 1 根、第 2 根要选较粗且直的立柱，立柱立好以后开始分次填土，每次填土后都要踩压或夯实。两侧的边柱可以直立也可向外侧倾斜，但各柱的倾斜角度必须一致。

（四）绑拉杆

拉杆的作用是沿纵向把立柱连接起来，使之加固。除两行边柱外，都要绑扎拉杆，绑扎的方法是在距顶部 30~40 厘米处，从一端开始用铁丝把拉杆和立柱连接在一起，拧紧绑牢。

（五）绑拱杆

拱杆的作用在于支撑覆盖的塑料薄膜，拱杆和压杆互相配合才能把覆盖的薄膜绷紧。在棚的两侧立好标志线，然后将拱杆在标志线上对准立柱入地 30 厘米，并弯成弧形，在立柱的顶部用 16~18 号铁丝，通过立柱上的孔眼把拱杆绑牢，两侧拱杆的接头处、或长度不够需要接换时都要用铁丝或其他材料捆扎结实。绑拱杆时所有的铁丝（或其他材料）接头都要向下。

（六）埋设固定压杆的铁丝

在大棚两侧距边缘 30 厘米处，要固定一条与大棚长度相等的 8 号铁丝。为了将铁丝固定牢固，可先将木橛上部用木钻打孔，将铁丝穿在其中，木橛下部钉一段横木，按 8~10 厘米距离掘坑埋好。

（七）掘压膜沟

在大棚四周的边缘要挖好 15~20 厘米深的压膜沟，挖出的土放在外侧。

（八）薄膜的黏合

可用电熨斗进行热合，聚乙烯需 100~110℃，聚氯乙烯不超过 130℃。如果大棚跨度超过 10 米，就需要按大棚 1/2 的宽度再加上 50 厘米，粘接 2 幅薄膜，这样可以从顶部扒开进行通风。最后一幅薄膜的边缘要折成筒形，里面放置 1 条麻绳，以便将来通风时进行固定。黏合剂多在修补时使用。

（九）扣棚（上膜）

比预计定植期提前 15~20 天扣棚。将粘接好的薄膜先在上风头的一侧摆放好，然后向另一侧展开，蒙住全棚后一般先用土将北端薄膜埋好，然后在南端用光滑的竹竿或木棍卷住薄膜用力抻平，使薄膜绷紧，再埋土固定。如果是两幅薄膜，就要先将上半面固定好以后，再上另外那半面。

（十）上压杆

压杆是由多根竹竿通过梢部连接而成，比拱杆稍短。每两道拱杆之间上一道压杆。这样把棚膜压成钝锯齿状。压杆的两端用铁丝固定在大棚两侧的压杆拉线上，压杆也可用 8 号铁丝或扁形压膜线代替，但固定效果不如压杆。

（十一）安装门

在大棚两侧将预制的门框固定好，将薄膜剪开固定在门框上，然后再安装门扇。为了节约材料，门扇也可以是一个四方框，在其上固定薄膜，生长后期也可再将薄膜取掉换成窗纱，以便加强通风。

第三节　寿光冬暖式大棚（日光温室）类型、性能及建造

在设施栽培的发展过程中，王乐义推广的冬暖式大棚多以不加温设施为主，现在一般把不加温的冬暖式大棚称为日光温室。自 1986 年王乐义采用冬暖式大棚以来，其结构不断创新，不断发展。

目前大面积推广的寿光冬暖式大棚，按其跨度、高度、结构和建材等方面的差异，前后已经经历了5代6种型号（图3-3-1）。

图3-3-1　寿光Ⅴ代冬暖式大棚（日光温室）

一、冬暖式大棚设计与建造原则

（一）不同地区建造冬暖式大棚要做到因地制宜

建造冬暖大棚时，必须要首先考虑所建大棚的采光性能和保温性能。我国幅员辽阔，地区众多，南北方、东西部由于经纬度不同，光照、温度等气候条件差异大，在进行大棚建造时，要充分考虑当地气候条件的独特性，对大棚的高度、跨度以及墙体厚度等做好调整，以适应当地的气候条件，提高大棚的采光性能、保温性能，切不可不考虑当地实际气候条件，盲目按照寿光等冬暖大棚蔬菜主产区大棚建造规格进行大棚建造，像这样盲目照搬的结果必然会不利于冬暖大棚蔬菜生产，例如，如果东北一带的大棚建造得与寿光一样，那么大棚的采光性和保温性将大为不足；如果南方地区的大棚建造得与寿光一样，则大棚的实际可用面积将大为受限。总而言之，建造大棚要做到因地制宜。

（二）同一地区要选择合适位置建造大棚

要选择地势开阔、平坦或朝阳缓坡的地方建造大棚，这样的地方采光好，地温高，灌水方便、均匀。

（三）尽量不要在风口上及窝风处建造大棚

不应在风口上建造大棚，以减少热量损失和风对大棚的破坏；不能在窝风处建造大棚，窝风的地方应先打通风道后再建大棚，否则，由于通风不良，会导致蔬菜病害严重，同时冬季积雪过多对大棚也有破坏作用。

（四）要尽量选择沙质壤土建造大棚

沙质壤土地温高，有利蔬菜根系的生长，是大棚建造用土的首选。如果大棚建造所处位置土质过黏，应加入适量的河沙，并多施有机肥料加以改良；如果土壤碱性过大，建造大棚前必须施酸性肥料加以改良，改良后方可建造。

（五）尽量不要选择低洼地建造大棚

尽量不要选择低洼地建造大棚，倘若在低洼地块上建造大棚，必须先挖排水沟后再建大棚；地下水位太高，容易返浆的地块，必须多垫土，加高地势后才能建造大棚，否则地温过低，土壤水分过多，均不利于蔬菜根系生长。

（六）必须要保证大棚建造地水源、交通等方便

建造大棚的地点必须要有充足水源，且交通方便，必须要有供电设备，以便生产管理和产品运输。

（七）大棚建造的方位、间距要合理

大棚建造的方位应南北延长，大棚的侧面向东西，则大棚内光照分布均匀。大棚与大棚左右之间距离，是大棚高的 2/3。两大棚之间若距离过大，浪费土地；过近则影响大棚透光性和通风效果，并且固定大棚膜等作业也不方便。

（八）要正确调整大棚面形状和大棚宽大棚高的比例

大棚面形状及大棚面角是影响大棚日进光量和升温效果的主

要因素，在进行大棚建造时，必须考虑当地情况合理选择设计。在各种大棚面形状中，以圆弧形采光效果最为理想。

大棚面角指大棚透光面与地平面之间的夹角。当太阳光透过大棚膜进入大棚时，一部分光能转化为热能被大棚架和大棚膜吸收（约占10%），部分被大棚膜反射掉，其余部分则透过大棚膜进入大棚。大棚膜的反射率越小，透过大棚膜进入大棚的太阳光就越多，升温效果也就越好。最理想的效果是，太阳垂直照射到大棚面，入射角是零，反射角也是零，透过的光照强度最大。简单地说，要使采光、升温与种植面积较好地结合起来，大棚宽大棚高的比例就要合适。不同地区合适的大棚高与大棚宽的比例是不同的。经过试验和测算，大棚宽大棚高的计算方法可以用下面的公式计算。

大棚宽比大棚高 =ctg 理想大棚面角

理想大棚面角 =56°– 冬至正午时的太阳高度角

冬至正午时的太阳高度角 =90°–（当地地理纬度 – 冬至时的赤纬度）

例如：山东寿光地区在北纬36°~37°，冬至时的赤纬度约为23.5°，所以寿光地区合理的大棚宽：大棚高，按以上公式计算约为 2：1。河北中南部、山西、陕西北部、宁夏南部等地纬度与寿光地区相差不大，大棚宽比大棚高基本在 2：1 左右。江苏北部、安徽北部、河南、陕西南部等地，纬度较低，多在北纬34°~36°，冬至时的太阳高度角大，理想大棚面角就小，大棚宽：大棚高也就大一些，在（2.2~2.3）：1。而在北京、辽宁、内蒙古等地，纬度较高，在北纬40°地区，大棚宽比大棚高也就小一些，在（1.75~1.8）：1。建大棚要根据当地的纬度灵活调整。

（九）要确定合适的墙体厚度

墙体厚度的确定主要取决于当地的最大冻土层厚度，以最大冻土层厚度加上0.5米即可。如山东地区最大冻土层厚度在0.3~0.5米，墙体厚度0.8~1米即可。辽宁、北京、宁夏等地的最大冻土层厚度甚至达到1米，墙体厚度需适当加厚0.3~0.6米，应达1.3~2.0

米。江苏北部、安徽北部、河南等地，最大冻土层厚度低于 0.3 米，墙体厚度在 0.6~0.8 米即可满足要求。墙体厚度薄了保温性差，厚了浪费土地和建大棚资金。

二、目前寿光冬暖式大棚主要类型与建造

（一）寿光Ⅳ型大棚主要参数和建造要点

这种大棚的棚体为无立柱钢筋骨架结构。其设计是为了配套安装自动化卷帘机，逐步向现代化、工厂化方向发展。

1. 结构参数

大棚总宽 11.5 米，内部南北跨度 10.2 米，后墙高 2.2 米，山墙 3.7 米，墙厚 1.3 米，走道 0.7 米，种植区宽 8.5 米。

仅有后立柱，种植区内无立柱。后立柱高 4 米。

采光屋面参考角平均角度 26.3° 左右，后屋面仰角 45° 左右。距前窗檐 800 厘米、600 厘米、400 厘米处和 200 厘米处的切线角度，分别是 23.34°、28.22°、34° 和 45° 左右。

2. 剖面结构图

寿光Ⅳ型大棚剖面结构图（图 3-3-2）如下。

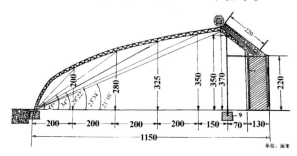

图 3-3-2　寿光Ⅳ型冬暖大棚剖面结构

3. 建造

大棚内南北向跨度 11.5 米，东西长度 60 米。大棚最高点 3.7 米。墙厚 1.3 米，两面用 12 厘米砖砌成，墙内的空心用土填实。后墙高 2.2 米。前面镀锌钢管钢筋骨架，上弦为 15 号镀锌管，下弦 14 号钢筋，拉花 10 号钢筋。大棚由 16 道花架梁分成 17 间，花架梁相距 3 米。花架梁上端搭接在后墙锁口梁焊接的预埋的角

铁上，前端搭接在设置的预埋件上。两花架梁之间均匀布设三道无下弦 15 号镀锌弯成的拱杆上，间距 0.75 米，搭接形成和花架梁一致。花架梁、拱杆东西向用 15 号钢管拉连，前棚面均匀拉接四道，后棚面均匀拉连二道，前后棚面构成一个整体。在各拱架构成的后棚面上铺设备 10 厘米厚的水泥预制板，预制板上铺炉渣 40 厘米作保温层。

（二）寿光 V 型大棚主要参数和建造要点

这种大棚的棚体为亦为无立柱钢筋骨架结构，是第五代冬暖大棚的典型代表。

1. 结构参数

大棚总宽 15.5 米，内部南北跨度 11 米，后墙外墙高 3.1 米，后墙内墙高 4.3 米，山墙外墙顶高 3.8 米，墙下体厚 4.5 米，墙上体厚 1.5 米，走道和水渠设在棚内最北端，走道宽 0.55 米，水渠宽 0.25 米，种植区宽 10.2 米。

仅有后立柱，种植区内无立柱。后立柱高 5 米。

采光屋面参考角平均角度 26.3° 左右，后屋面仰角 45° 左右。距前窗檐 1 100 厘米处的切线角度 19.1°，距前窗檐垂直地面点 1 100 厘米处的切线角度 24.4°。

2. 剖面结构图

寿光 V 型大棚剖面结构图（图 3-3-3）如下。

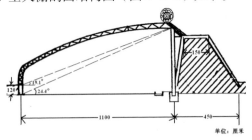

图 3-3-3　寿光 V 型冬暖大棚剖面结构

3. 建造

确定后墙、左侧墙、右侧墙的地基以及尺寸，大棚内南北向跨度 15.5 米，东西长度不定，但以 100 米为宜。清理地基，然后利用链轨车将墙体的地基压实，修建后墙体、左侧墙、右侧墙，后墙体的上顶宽 1.5 米，修建后墙体的过程中，预先在后墙体上高 1.8 米处倾斜放置 4 块 3 米长的楼板，该楼板底部开挖高 1.8 米、宽 1 米的进出口，后墙体外高 3.1 米，内墙高 4.3 米，墙底宽 4.5 米，后墙、左侧墙、右侧墙的截面为梯形，后墙、左侧墙、右侧墙的上下垂直上口为 0.9 米。

将后墙的上顶部夯实整平，预制厚度为 20 厘米的混凝土层，并在混凝土层中预埋扁铁，将后墙体的外墙面铲平、铲直，铲好后再在后墙体的外墙面铺一层 0.06 毫米的薄膜，然后在薄膜的外侧用水泥砌 12 厘米砖墙，每隔 3 米加一个 24 厘米垛，垛需要下挖，1 ∶ 3 水泥砂浆抹光。

在后墙的内侧修建均匀分布的混凝土柱墩的预埋扁铁上焊接 2.5 寸的钢管立柱，立柱地上面高 5 米。在后墙体的内墙面及左侧墙、右侧墙的内、外墙面砌 24 厘米砖墙，灰砂比例 1 ∶ 3，水泥砂浆抹光。

沿后墙体的内侧修建人行道，人行道宽 55 厘米，先将素土夯实，再加 3 厘米厚的砼（混凝土）层，在砼层的上面铺 30 厘米 × 30 厘米的花砖，在人行道的内侧修建水渠，水渠宽 25 厘米，深 20 厘米，水泥砂浆抹光。

在大棚前檐修建宽 24 厘米、高 80 厘米的砖墙，1 ∶ 2 水泥砂浆抹光，在砖墙的顶部预制 20 厘米厚的混凝土层，在混凝土层内预埋扁铁，每隔 1.5 米一块。

用钢管焊接成包括两层钢管的拱形钢架，上层钢管、下层钢管的中间焊接钢筋作为支撑，上层钢管为 1.2 寸钢管，下层钢管为 1 寸（1 寸约为 0.033 米，全书同）钢管，钢筋为 12 号钢筋。

将拱形钢架的一端焊接在立柱的顶部，另一端焊接在前檐砖墙混凝土层的扁铁上，拱形钢架与拱形钢架之间用四根 1 寸钢管固定连接，再用 26 号钢丝拉紧支撑，每 30 厘米拉一根，与拱形钢架平行固定竹竿。

在立柱的顶部和后墙体顶部的预埋扁铁之间焊接倾斜的角

铁，然后在后墙体顶部的预埋扁铁与立柱之间焊接水平的角铁，倾斜的角铁、水平的角铁、立柱形成三角形支架，再在倾斜的角铁外侧覆盖 10 厘米的保温板，在保温板的外侧设置钢丝网，然后预制 5 厘米的混凝土层。

（三）寿光Ⅵ型大棚主要参数和建造要点

寿光Ⅵ型大棚（图 3-3-4），即半地下大跨度冬暖大棚。

1. 结构参数

大棚下挖 1.2 米，总宽 16 米，后墙高 3.3 米，山墙顶 4 米，墙下体厚 4 米，墙上体厚 1.5 米，内部南北跨度 12 米，走道设在棚内最南端（与其他棚型相反），走道宽 0.55 米，水渠宽 0.25 米，种植区宽 11.2 米。

立柱 6 排，一排立柱（后墙立柱）长 5.7 米，地上高 5.2 米，至二排立柱距离 2.4 米。二排立柱长 5.2 米，地上高 4.7 米，至三排立柱距离 2.4 米。三排立柱长 4.6 米，地上高 4.1 米，至四排立柱距离 2.4 米。四排立柱长 3.9 米，地上高 3.4 米，至五排立柱距离 2.4 米。五排立柱长 2.9 米，地上高 2.4 米，至六排立柱距离 2.4 米。六排立柱（戗柱）长 1.5 米，地上与棚外地面持平，高 1.2 米。

采光屋面参考角平均角度 26.5° 左右，后屋面仰角 45°。距前窗檐 0 厘米、240 厘米、480 厘米处、720 厘米和 960 厘米处的切线角度，分别是 26.6°、22.6°、16.3°、14.0° 和 11.8° 左右。

2. 剖面结构图

寿光Ⅵ型大棚剖面结构图见图 3-3-4。

3. 建造

取 20 厘米以下生土建造冬暖大棚墙体。墙下部厚 4 米，顶部厚 1.5 米，后墙高 3.3 米，山尖高为 4 米，前窗高度为 0.8 米，冬暖大棚外径宽 16 米。由于墙体下宽上窄，主体牢固，抗风雪能力强。后坡坡度约 45°，加大了采光和保温能力。在后墙处，先将 5.7 米高的水泥立柱按 1.8 米的间隔埋深沉 50 厘米，上部向北稍倾斜 5 厘米，以最佳角度适应后坡的压力。离第一排立柱向南 2.4 米处挖深 50 厘米的坑，东西方向按 3.6 米的间隔埋好高 5.2

米的第二排立柱。再向南的第三、第四、第五排立柱，南北方向间隔均为2.4米，东西方向间隔均为3.6米，埋深均为0.5米。第三排立柱高4.6米、第四排立柱高3.9米、第五排立柱高2.9米。第六排为戗柱，高1.7米，距第五排立柱2.4米。立柱埋好后，在第一排每一条立柱上分别搭上一条直径不低于10厘米粗的木棒，木棒的另一端搭在墙上，在离木棒顶部25厘米处割深1厘米的斜茬，用铁丝固定在立柱上。下端应全部与后墙接触，斜度为45°，斜棒长度1.5~2米。斜棒固定后，在两山墙外2~3米，挖宽70厘米，深1.2米，长10米的坠石沟，将用8号铁丝捆绑好的不低于15千克的石头块或水泥预制块，依次排于沟底，共用90块坠石。拉后坡铁丝时，先将一端固定在附石铁丝上，然后用紧线机紧好并固定牢靠。后坡铁丝拉好后，将大竹竿（拱形架）固定好，再拉前坡铁丝。竹竿上面均匀布设28道铁丝，竹竿下面布设5道铁丝。铁丝拉好后，处理后坡。先铺上一层3米宽的农膜，然后将捆好的直径为20厘米的玉米秸捆排上一层，玉米秸上面覆土30厘米。后斜坡也可覆盖10厘米的保温板。后坡上面再拉一道铁丝用于拴草苫。前坡铁丝拉好后固定在大竹竿上，然后每间棚绑上5道小竹竿，将粘好的无滴膜覆盖在棚面上，并将其四边扯平拉紧，用压膜线或铁丝压住棚膜。

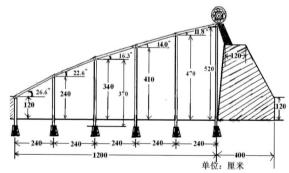

图3-3-4 寿光Ⅵ型冬暖大棚剖面结构图

4. 半地下大跨度冬暖大棚的优点

（1）增加了大棚内地温。因大棚蔬菜越冬栽培，深冬季节地温的高低直接影响到蔬菜的产量。在冬季，随着土壤深度的增加，地温逐渐增高，因此半地下式冬暖大棚栽培比普通平地冬暖大棚栽培地温要高，实践证明，50~120厘米的深度的半地下式冬暖大棚，比平地栽培的地下10厘米地温要高2~4℃。

（2）增加了大棚空间。有利于高秧作物的生长，有利于立体栽培。

（3）增加了大棚的保温性。冬暖大棚地面低于大棚外地面50~120厘米，棚体周围相对厚度增加，因此保温性好。加之大棚的空间大了，有利于储存白天的热量，夜晚降温慢，增加大棚的保温性。

（4）有利于二氧化碳的储存。大棚的空间增大，相对空气中的二氧化碳就多，有利于作物生长，达到增产的目的。

（5）不破坏大棚外的土地。大棚墙体在建造过程中，需要大量的土，过去是在大棚后挖沟取土，一是不利于大棚保温，二是浪费了土地。

但从大棚内取土要注意，现将大棚内表层的熟土放在大棚前，将20厘米以下的生土用在墙体上，要避免用生茬土种番茄。

这种半地下大跨度冬暖大棚土地利用率高、透光好、温湿度调节简单，代表着未来冬暖大棚的发展方向。是将来土地有偿转让兼并，实行集约化标准化生产，彻底解决散户经营，提高产品质量的有效途径。目前这项技术已得到寿光农民的广泛认可。

三、大棚保温覆盖形式及保温材料选择

（一）大棚保温覆盖形式

塑料薄膜（浮膜）+草苫+大棚薄膜

（1）塑料薄膜（浮膜）+草苫（保温被）+大棚薄膜（图3-3-5）。该形式简称"两膜一苫（保温被）"覆盖形式，在山东寿光统称"冬暖大棚浮膜保温技术"。浮膜覆盖是冬暖大棚深冬生产蔬菜时，傍晚放草苫（保温被）后在草苫（保温被）上面盖上一层薄膜，周围用装有少量土的编织袋压紧，这浮膜一般用聚乙烯薄膜，幅宽相当于草苫（保温被）的长度，浮膜

的长度相当于大棚的长度，厚度0.07~0.1毫米。

图3-3-5 大棚塑料薄膜（浮膜）+草苫+大棚薄膜保温

该覆盖形式的优点是：保温效果好，深冬夜间棚室内温度比不浮膜的高；草苫（保温被）得到保护，盖浮膜的大棚比不盖的草苫（保温被）能延长使用寿命；减轻劳动强度，过去在冬季夜晚，如果遇到雨雪天气，都要冒雨、冒雪到大棚上把草苫（保温被）拉起，防止雨水湿了草苫（保温被）或雪无法清除，如果盖上浮膜后再遇到雨雪天，可放心地在家休息，高枕无忧。

（2）塑料薄膜（浮膜）+草苫（保温被）+大棚薄膜+保温幕。该覆盖形式是在"两膜一苫（保温被）"覆盖形式的基础上，在大棚内再增加一层活动的保温覆盖幕帘，可较单一的"两膜一苫（保温被）"覆盖形式提高温度。这种保温覆盖形式主要用于深冬季节，特别是出现连续阴雪天气时，其他季节一般不用。在山东寿光地区该覆盖形式统称"棚中棚"。"棚中棚"具体建造方法：在棚内吊蔓钢丝的上部再覆上一层薄膜，薄膜覆上后用夹子将其固定；在冬暖大棚前端距棚膜50厘米处，顺应冬暖大棚膜的走向设膜挡住；在冬暖大棚后端、种植作物北边，上下扯一层薄膜，其高度与上部膜一致，该膜不固定，以便于通风排湿。如此操作，形成"棚中棚"。

（二）大棚保温材料选择

1. 塑料棚膜的选择

目前大棚的保温覆盖材料主要是塑料薄膜，其中最常用的棚膜按树脂原料可分为PVC（聚氯乙烯）薄膜、PE（聚乙烯）薄膜和EVA（乙烯-醋酸乙烯）薄膜3种。这3种棚膜的性能不同：PVC棚膜保温效果最好，易粘补，但易污染，透光率下降快；

PE 棚膜透光性好，尘污易清洗，但保温性能较差；EVA 棚膜保温性和透光率介于 PE 和 PVC 棚膜之间。在实际生产中为增加棚膜的无滴性，常在树脂原料中添加防雾剂，PVC 棚膜和 EVA 棚膜，棚膜与防雾剂的相容性优于 PE 棚膜，因而无滴持续时间较长。据调查，目前我国生产的 PE 多功能膜的无滴持续时间一般为 2~4 个月，PVC 和 EVA 棚膜可达 4~6 个月。

生产中按薄膜性能特点棚膜又分为普遍棚膜、长寿棚膜、无滴棚膜、长寿无滴棚膜、漫反射棚膜、复合多功能棚膜等。其中普通棚膜应用最早，分布最广，用量最大，其次是长寿棚膜和无滴棚膜，目前我国生产的棚膜主要有以下几种。

（1）PE 普通棚膜。这种棚膜透光性好，无增塑剂污染，尘埃附着轻，透光率下降缓慢，耐低温（脆化温度为 -70℃）；比重轻（0.92），相当于 PVC 棚膜的 76%，同等重量的 PE 膜覆盖面积比 PVC 膜增加 24%；红外线透过率高达 87%~90%，夜间保温性能好，且价格低。缺点是透湿性差，雾滴重；不耐高温日晒，弹性差，老化快，连续使用时间通常为 4~6 个月。冬暖大棚上使用基本上每年都需要更新，覆盖大棚越夏有困难。

（2）PE 长寿（防老化）棚膜。在 PE 膜生产原料中，按比例添加紫外线吸收剂、抗氧化剂等，以克服 PE 普通棚膜不耐高温日晒、易老化的缺点。目前我国生产的 PE 长寿膜厚度一般为 0.12 毫米，宽度规格有 1.0 米、2.0 米、3.0 米、3.5 米等，可连续使用 2 年以上。其他性能特点与 PE 普通膜相似。PE 长寿棚膜是我国北方高寒地区扣棚越冬覆盖较理想的棚膜，使用时应注意适时清除膜面上的积尘，以保持较好的透光性。

（3）PE 复合多功能膜。在 PE 普通棚膜中加入多种特异功能的助剂，使棚膜具有多种功能。如北京塑料研究所生产的多功能膜，集长寿、全光、防病、耐寒、保温为一体，在生产中使用反应效果良好，同样条件下，夜间保温性比普通 PE 膜提高 1~2℃，每亩棚室使用量比普通棚膜减少 30%~50%。复合多功能膜中如果再添加无滴功能，效果将更为全面突出。

（4）PVC 普通棚膜。透光性能好，但易粘吸尘埃，且不容易清洗，污染后透光性严重下降。红外线透过率比 PE 膜低（约低 10%），耐高温日晒，弹性好，但延伸率低。透湿性较强，雾滴较轻；比重大，同等重量的覆盖面积比 PE 膜小 20%~25%。PVC 膜适于作夜间保温性要求高的地区和不耐湿作物设施栽培的覆盖物。

（5）PVC 双防膜（无滴膜）。PVC 普通棚膜原料配方中按一定配比添加增塑剂、耐候剂和防雾剂，使棚膜的表面张力与水相同或相近，薄膜下面的凝聚水珠在膜面可形成一层薄水膜，沿膜面流入棚室底部土壤，不至于聚集成露滴久留或滴落。由于无滴膜的使用，可降低棚内的空气相对湿度，减少露珠下落的数量，减轻某些病虫害的发生；更值得一提的是，由于薄膜内表面没有密集的雾滴和水珠，避免了露珠对阳光的反射和吸收，增强了棚室光照，透光率比普通膜高 30% 左右。PVC 双防膜晴天升温快，每天低温、高温、弱光的时间大为减少，对大棚中作物的生长发育极为有利。除上述优点外，PVC 双防膜也有其缺陷，如其透光率衰减速度快，经高强光季节后，透光率一般会下降到 50% 以下，甚至只有 30% 左右，同时旧膜耐热性差，易松弛，不易压紧。从成本价格来看，PVC 无滴棚膜与其他棚膜相比，比重大，价格高。

（6）EVA 多功能复合膜。针对 PE 多功能膜雾度大、流滴性差、流滴持效时间短等问题研制开发的高透明、高效能薄膜。其核心是用含醋酸乙烯的共聚树脂，代替部分高压聚乙烯，用有机保温剂代替无机保温剂，从而使中间层和内层的树脂具有一定的极性分子，成为防雾滴剂的良好载体，流滴性能大大改善，雾度小，透明度高，在冬暖大棚上应用效果最好，寿光农民反映其使用效果非常好。

2. 草苫及其覆盖形式

（1）草苫的选择标准。草苫（图 3-3-6）要厚，一般成捆的草苫平均厚度应不小于 4 厘米。

选用新草苫。要选用新草打制的草苫，新草打制的草苫的质地疏松，保温性能比较好；不要选用陈旧草或发霉草打制的草苫；草苫多年使用后，由于质地硬实，保温效果差，也不宜继续选用，应及时更换新草苫。

图3-3-6 草苫

草苫要干燥。干燥的草苫质地疏松，保温性好，便于保存，而且重量轻，也容易卷放。

草苫的密度要大。最好选用人工打制的密度大且保温性能好的草苫，不要选用机器打制的比较疏松、保温性差、易损坏的草苫。

草苫的径绳要密。径绳密的草苫不容易脱把、掉草，草把间也不容易开裂，草苫的使用寿命长，保温性能也比较好。一般幅宽1.2米的草苫，径绳道数应不少于8道。

（2）草苫的覆盖形式。大棚草苫主要分"品"字形法、"川"字形法和混合法三种方法。

"品"字形法（图3-3-7）。该法上的草苫易于卷放，操作灵活，但防风能力差，草苫剪叠压不严密，保温效果一般，适于风害较轻、冬季不甚严寒的地区。

图3-3-7 "品"字形法

"川"字形法（图3-3-8）。该法是顺着风向叠放草苫，防风效果好，草苫间叠压严实，保温效果也比较好，适于多风地区以及冬季比较寒冷的地区。另外，该法上的草苫排列整齐，也适合机械卷放草苫。"川"字形法的主要缺点是草苫卷放不方便，只能从一边开始卷放，人工操作时，需要时间较长，也容易造成大棚内部环境差异过大。

混合法。该法是将草苫分成若干组，一般每 10 个左右草苫为一组，组内采取斜压法，组间一草苫采取平压法。该法较好的综合了"品"字形法和"川"字形法的优点，在冬季多风地区应用比较广泛。

图 3-3-8 "川"字形法

冬季我国北方大部分地区多风、风大，容易刮跑草苫，因此从防风角度讲，应当选择防风效果比较好的"川"字形法和混合法。具体上草苫方法还应根据草苫的卷放方法进行选择。

一般用机械卷放草苫，应当选择"川"字形法上草苫，增强草苫的抗风能力，并有利于保持较好的卷草苫质量。如果人工卷放草苫，为提高草苫卷放率，缩短卷放草苫的时间，适宜采用混合法。

为增强草苫的防风保温能力，草苫间的压缝宽不应小于 20 厘米。

3. 大棚保温被的安装注意事项（图 3-3-9）

（1）保温被的下端固定在卷杆上。上端用绳子系好固定在后墙或者后墙底部的地锚。

（2）保温被底部要求整齐，上端拽紧用钢丝拉好即可。

（3）使用半年或者几个月发现卷帘机跑偏的情况下可以解开调节下，确保覆盖全面。

（4）大棚保温被覆盖到底端时，若地面有大量积水，应尽快清除，防止长时间浸湿保温被。

（5）上保温被时两床之间的

图 3-3-9 大棚保温被及安装、卷放

搭接不能少于 10 厘米。保温被上好后，用连接绳将被子搭接处连成一体。

四、冬暖式大棚的主要配套设施

（一）卷帘机

1. 安装卷帘机的好处

卷放草苫是冬暖大棚生产中经常而又较繁重的一项工作，耗费工时较多，设置卷帘机可达到事半功倍之效果。传统的冬暖大棚冬季覆盖物为草苫。这些覆盖物的起放工作量大、劳动环境差。实践证明：使用电动卷帘机，不仅大大延长了光照时间，增加了光合作用，更重要的是节省劳动时间，减轻了劳动强度。据调查，冬暖大棚在深冬生产过程中，每亩大棚人工拉帘约需 1.5 小时，而卷帘机只需 8 分钟左右，太阳落山前，人工放帘需 1 小时左右，由此看来，每天若用卷帘机起放草苫，比人工节约近 2 小时的时间。同时延长了室内宝贵的光照时间，增加了光合作用时间。另外使用电动卷帘机对草苫保护性好，延长了草苫的使用寿命，既降低生产成本，同时因其整体起放，其抗风能力也大大增强。

2. 大棚卷帘机类型

目前使用的卷帘机有两大类型。一种是前屈伸臂式（图 3-3-10），包括主机、支撑杆、卷杆三大部分，支撑杆有立杆和横杆构成，立杆安装在大棚前方地桩上，横杆前端安装主机，主机两侧安装卷杆，卷杆随棚体长短而定；另一种是后卷轴式（图 3-3-11），包括主机、卷杆和立柱三大部分，一般在草苫前端还装上芯轴，主机转动卷轴，卷轴带动每根绳索，每间棚一般装有 2~3 根卷绳。

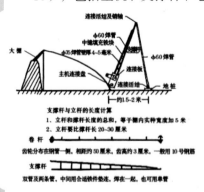

图 3-3-10　前屈伸臂式卷帘机安装示意图

3. 两种卷帘机优缺点

（1）屈臂式优点。结构紧凑，

自动化程度高，产品已标准化生产，质量稳定，寿命长；安全性能好，只要不违反操作规程，不会出现安全事故；维修方便快捷，由于产品标准化、系列化生产，如有损坏，更换容易；安装周期短，一般 100 米大棚，安装 1~2 个小时。缺点：造价稍微高，一般在 38~50 元 / 米。

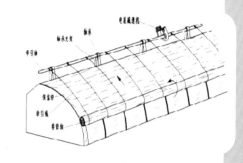

图 3-3-11　后卷轴式卷帘机示意图

（2）后墙卷拉式优点。结构简单，就地取材，都会安装；造价稍低，一般在 30~40 元 / 米。缺点：由于使用材料如减速机、电机、卷轴，有很大的随意性，东拼西凑来的，一个大棚一个样，一旦出现故障，换件困难，维修麻烦；安全隐患大，由于后墙是人们经常走动的地方，卷帘上卷时，一旦卷入人的衣服、手掌，往往造成人身伤害，特别是妇女、孩子更危险；由于每条绳子受力不均，使用一段时间后，松紧不一，要经常调整绳子松紧，且差不多每年要更换一次绳子；安装周期长，一般 5~8 天。

　　总之，屈臂式卷帘机优点要多一点，很多地区基本上已淘汰了后墙卷拉式卷帘机。

　　4. 前屈伸臂式卷帘机安装步骤（图 3-3-12）

　　（1）预先焊接各连接活动结、法兰盘到管上；根据棚长确定卷杆强度（一般 60 米以下的棚用 φ60 毫米高频焊管，壁厚 3.5 毫米；60 米以上的棚，除两端各 30 米用 φ60 毫米管外，主机两侧用 φ75 壁厚 3.75 毫米以上的高频焊管）和长度；焊接卷杆上的间距 0.5 米一根的高约 3 厘米的圆钢，立杆与支撑杆的长度和强度；在机头与立杆支点在同

图 3-3-12　前屈伸臂式卷帘机
示意图

一水平的前提下，支撑杆长度比立杆短 20~40 厘米；长度超过 60 米的大棚一般支撑杆需用双管。

（2）将棚上草苫从中间向两边依次放下要么平铺，要么一压二铺，不能交搭铺草苫，下边对齐，在上层每块草苫下铺一条无松紧的绳子，并将绳子在棚沿头上约 20 厘米处从草苫底下穿到上面自然下垂到卷杆处，不要绑在杆上。

（3）在棚前约正中两根棚之间，距棚 1.5~2 米处做立杆支点，用 φ60 毫米长为 80 厘米左右焊管与立杆 T 形焊接作为底座立在地平面，并在底座南侧砸两根圆钢以防往南蹭走。

（4）横杆铺好并连接，连接支撑杆与主机。

（5）以活结和销轴连接支撑杆与立杆并立起来。

（6）从中间向两边连接卷杆并将卷杆放在草苫上。

（7）将草苫绑到卷杆上（只绑底层的草苫）上层的草苫自然下垂到卷杆处。

（8）连接倒顺开关及电源。

（9）试机。在卷得慢处垫些旧草苫以调节卷速，直至卷出一条直线。

（二）反光幕

在冬暖大棚栽培畦北侧或靠后墙部位张挂反光幕，有较好的增温补光作用，是冬暖大棚冬季生产或育苗所必需的辅助设施。

1. 反光幕应用效果

（1）冬暖大棚内张挂反光幕可明显增加棚内的光照强度，尤以冬季增光率更高。从进行反光幕张挂的研究表明，反光幕前 0~3 米，地表增光率为 9.1%~44.5%，空中增光率为 9.2%~40.0%。反光幕的增光率随着季节的不同而表现差异，在冬季光照不足时增光率大，春季增光率较小；晴天的增光率大，阴天的增光率小，但也有效果。

（2）可提高气温和地温。反光幕增加光照强度，明显的影响着气温和地温，反光幕 2 米内气温提高 3.5℃，地温提高 2.9~1.9℃。

（3）育苗时间缩短，秧苗素质提高，同品种、同苗龄的幼苗株高、茎粗、叶片数均有增加，雌花节位降低。

（4）改善了棚内小气候，植株的抗病能力增强，减少农药使用和污染。

（5）张挂反光幕冬暖大棚的蔬菜产量、产值明显增加，尤其是冬季和早春增效更明显。

2. 反光幕的应用方法

张挂镀铝聚酯膜反光幕的方法有四种：单幅垂直悬挂法、单幅纵向粘接垂直悬挂法、横幅粘接垂直悬挂法、后墙板条固定法。生产上多随冬暖大棚走向，面朝南，东西延长，垂直悬挂。张挂时间一般在 11 月末到翌年的 3 月，最多延长至 4 月中旬。张挂步骤如下（以横幅粘接垂直悬挂法为例）：使用反光幕应按冬暖大棚内的长度，用透明胶带将 50 厘米幅宽的三幅聚酯镀铝膜粘接为一体。在冬暖大棚中柱上由东向西拉铁丝固定，将幕布上方折回，包住铁丝，然后用大头针或透明胶布固定，将幕布挂在铁丝横线上，自然下垂，再将幕布下方折回 3~9 厘米，固定在衬绳上，将绳的东西两端各绑竹棍一根固定在地表，可随太阳照射角度水平北移，使幕布前倾 75°~85°。也可把 50 厘米幅宽的聚酯镀铝膜，按中柱高度剪裁，一幅幅紧密排列并固定在铁丝横线上。150 厘米幅宽的聚酯镀铝膜可直接张挂。

3. 注意事项

定植初期，靠近反光幕处要注意灌水，水分要充足，以免光强温高造成灼苗。使用的有效时间为 11 月至翌年 4 月。对无后坡冬暖大棚，需要将反光幕挂在北墙上，要把镀铝膜的正面朝阳，否则膜面离墙太近，因潮湿造成铝膜脱落。每年使用结束后，最好经过晾晒再放于通风干燥处保管，以备再用。

反光幕必须在保温达到要求的大棚才能应用。如果保温不好，光靠反光幕来提高棚内的气温和地温，白天虽然有效，但夜间也难免受到低温的危害。因为反光幕的作用主要是提高棚室后部的光照强度和昼温，扩大后部昼夜温差，从而把后部的增产潜力挖掘出来。

（三）防虫网

防虫网是一种采用添加防老化、抗紫外线等化学助剂的聚乙烯为主要原料，经拉丝制造而成的网状织物，具有拉力强度大、抗热、耐水、耐腐蚀、耐老化、无毒无味、废弃物易处理等优点。常规使用收藏轻便，正确保管寿命可达 3~5 年。防虫网覆盖栽培是一项增产实用的环保型农业新技术，通过覆盖在棚架上构建人工隔离屏障，将害虫拒之网外，切断害虫（成虫）繁殖途径，有效控制各类害虫，如菜青虫、菜螟、小菜蛾、蚜虫、跳甲、甜菜夜蛾、美洲斑潜蝇、斜纹夜蛾等的传播以及预防病毒病传播的危害，确保大幅度减少菜田化学农药的施用，使产出的蔬菜优质、卫生，为发展生产无污染的绿色农产品提供了强有力的技术保证。

1. 防虫网的作用

防虫：蔬菜覆盖防虫网后，基本上可免除菜青虫、小菜蛾、甘蓝夜蛾、斜纹夜蛾、黄曲跳甲、蚜虫等多种害虫的为害。据试验，防虫网对白菜菜青虫、小菜蛾、豇豆荚螟、美洲斑潜蝇防效为 94%~97%，对蚜虫防效为 90%。

防病：病毒病是多种蔬菜上的灾难性病害，主要是由昆虫特别是蚜虫传病。由于防虫网切断了害虫这一主要传毒途径，因此，大大减轻蔬菜病毒的侵染，防效为 80% 左右。

2. 网目选择

购买防虫网时应注意孔径。蔬菜生产上以 25~40 目为宜，幅宽 1~1.8 米。白色或银灰色的防虫网效果较好。防虫网的主要作用是防虫，其效果与防虫网的目数有关，目数即在 25.4 毫米见方的范围内有经纱和纬纱的根数，目数越多，防虫的效果越好，但目数过多会影响通风效果。防虫网的目数是关系到防虫性能的重要指标，栽培时应根据防止虫害的种类进行选取，一般蔬菜生产中多采用 25~40 目的防虫网，使用防虫网一定要注意密封，否则难以起到防虫的效果。

3. 覆盖形式

冬暖大棚前部和通风天窗最好安装 25~40 目的防虫网（因夏季

虫多）（图 3-3-13），这样，既利于通风又防虫。为提高防虫效果必须注意以下两点：一是全生长期覆盖。防虫网遮光较少，无需日盖夜揭或前盖后揭，应全程覆盖，不给害虫有入侵机会，才能收到满意的防虫效果。二是土壤消毒。在前作收获后，及时将前茬残留物和杂草搬出田间，集中烧毁。全田喷洒农药灭菌杀虫。

图 3-3-13　大棚防虫网覆盖方式

（四）遮阳网

遮阳网又名遮光网、寒冷纱或凉爽纱，是以聚烯烃树脂作基础原料，并加入防老化剂和其他助剂，溶化后经拉丝编织成的一种轻型、高强度、耐老化的新型网状农用塑料覆盖材料。

1. 遮阳网的主要作用

（1）降低棚内气温及土温，改善田间小气候。使用遮阳网可显著降低进入冬暖大棚内的光照强度，有效降低热辐射，从而降低气温和地温，改善芹菜生长的小气候环境。一般使用遮阳网可使冬暖大棚内的气温较外界降低 2~3℃，同时有效避免了强光照对芹菜生产的危害。据测定：高温季节可降低畦面温度 4.59~5℃，炎热夏天最大降温幅度为 9~12℃。

（2）减少土壤水分蒸发。保持土壤湿润，防止畦面板结。

（3）避害虫、防病害。据调查，遮阳网避蚜效果达 88.8%~100%，对蔬菜病毒病防效为 89.8%~95.5%，并能抑制芹菜等蔬菜病害的发生和蔓延。

2. 选用遮阳网的原则

（1）芹菜夏季生产，可选用 SZW-8 黑色遮阳网等遮阳。

（2）夏季育苗或缓苗短期覆盖，多选用黑色遮阳网覆盖。

3. 冬暖大棚遮阳网覆盖方式

冬暖大棚遮阳网覆盖（图 3-3-14）是指在冬暖大棚上覆盖

图 3-3-14　冬暖大棚遮阳网覆盖

遮阳网的覆盖方式。覆盖方式主要以顶盖法和一网一膜两种方式为主。顶盖法是者在大棚的二重幕支架上覆盖遮阳网；一网一膜覆盖方式是指覆盖在大棚上的薄膜，仅揭除围裙膜，顶膜不揭，而是在顶膜外面再覆盖遮阳网。在山东寿光地区大多采用一网一膜覆盖方式。

遮阳网覆盖栽培的技术原则是：看天、看作物灵活揭盖；晴天白天盖，晚上揭；阴天全天不盖。30℃以上温度，一般从上午 8 时到下午 4 时覆盖。

（五）顶风口

1. 顶风口（图 3-3-15）的设置

大棚前屋面的上面留出一条长宽约 50 厘米的通风带，通风带用一幅宽为 1~1.5 米的窄膜单独覆盖。窄幅膜的下边要折叠起一条缝，缝边粘住，缝内包一根细钢丝，上膜后将钢丝拉直。包

入钢丝的主要作用，一是放风口合盖后，上下两幅膜能够贴紧，提高保温效果；二是开启通风口时，上下拉动钢丝，不损伤薄膜；三是上下拉动放风口时，用钢丝带动整幅薄膜，通风口开启的质量好，功效也高。

2. 通风滑轮的应用

原来的大棚覆盖的棚膜为一个整体，通风要一天几次爬到棚

图 3-3-15　顶风口

顶上去，既增加了劳动强度，又不安全；而通风滑轮的应用是 1 个大棚上覆盖大、小 2 块棚膜，通过滑轮和绳索进行调节通风口的大小，既节约时间，又安全省事。

3. 顶风口处设挡风膜

在冬季，尤其是深冬期，在大棚放风口处设置挡风膜是非常必要的。好处：一是可以缓冲棚外冷风直接从风口处侵入，避免冷风扑苗；二是因放风口处的棚膜多不是无滴膜，流滴较多，设置挡风膜可以防止流滴滴落在下面的芹菜叶片上。在夏季，挡风膜可阻止干热风直接吹拂在芹菜叶片上，减轻病毒病的发生。

挡风膜设置简便易行，就是在大棚风口下面设置一块膜，长度和棚长相等，宽为2米，拉紧扯平，固定在大棚的立柱和竹竿上，固定时要把挡风膜调整成北低南高的斜面，以便使挡风膜接到的露水顺流到大棚北墙根的水渠内。

第四章 芹菜的品种选购原则与优良品种介绍

第一节　芹菜的品种选购原则

芹菜品种选购应注意的原则：选用抗病、优质丰产、抗逆性强、适应性广、商品性能好的品种，种子质量达到标准（纯度、净度、发芽率、发芽势达到90%以上）。

第二节　部分芹菜优良品种介绍

一、津南冬芹

图 4-2-1　津南冬芹

津南冬芹（图 4-2-1）是天津市津南双港农科站、宏程芹菜研究所利用津南实芹 1 号与美国西芹杂交选育的新品种。1995 年通过天津市鉴定与品种审定，现已大面积推广。该品种叶片较大，深绿色，叶柄粗，淡绿色，香味适口，一般株高 90~100 厘米，单株重 0.30~0.50 千克，分枝极少，具有津南实芹和美国西芹的综合特点，是目前我国冬季保护地栽培的最佳品种，并可适应春秋露地栽培。

二、津南实芹 1 号

津南实芹 1 号（图 4-2-2）是由天津市南郊区双港乡农科站南郊区农业局

图 4-2-2　津南实芹 1 号

蔬菜科、南郊南马集村从天津白庙芹菜中变异株系选育而成。株高 80~100 厘米，开展度 20~25 厘米。分枝极少。扇形复叶，边缘锯齿状，绿色。单株叶片 7 片左右，叶柄断面月牙形，黄绿色，茎部白色，单株重 250 克左右。花序伞形，白色花。种子椭圆形，千粒重 0.5~0.6 克。在天津市生长期 120 天左右。生长速度快，生长适温 12~25℃，较抗寒，抗热，喜水肥，抗病毒病，斑点病。抽薹期晚，冬性强。亩产 5 000~10 000 千克。质地鲜嫩，品质好，正常栽培条件下实心率 95% 以上。

三、津南实芹 2 号

津南实芹 2 号（图 4-2-3）是天津市双港镇农科站与宏程芹菜研究所利用津南实芹和美国西芹杂交选育而成的芹菜新品种，于 1995 年通过审定。专家认为该品种是我国北方日光温室和南方冬季露地栽培的最适宜品种。津南实芹 2 号现已被列为国家科技成果，在全国十几个省、市、自治区示范推广，受到种植户的普遍欢迎。

该品种叶绿色，叶片锯齿较大，叶柄实心，黄绿色。叶柄横切面呈半圆形，表面光滑。其品质鲜嫩，营养丰富，葡萄糖、维生素 C 含量

图 4-2-3　津南实芹 2 号

明显高于其他芹菜品种。津南实芹 2 号根系发达，生长速度快。叶柄长 60 厘米，单株高 90 厘米，重 0.6 千克。种粒较小，千粒重 0.38 克。

图 4-2-4　玻璃脆芹菜

四、玻璃脆芹菜

玻璃脆芹菜（图 4-2-4）由开封市蔬菜所选育而成。株高 65~85 厘米，平均单株重 0.5 千克，最大单株重 1 千克。叶绿色，叶柄粗 1 厘米左右，黄绿色，肥大而宽厚，光滑无棱，具有光泽，茎秆实心，组织柔嫩脆弱，纤维少，微带甜味，品质

好，炒食凉拌俱佳。较耐热，较耐旱，耐肥、耐寒、耐贮藏，定植后 100 天左右收获。一年四季均可栽培。

五、乳白梗芹菜

长沙地方品种。株型较矮。叶绿色，叶柄洁白，中空，断面近圆形。细嫩，香味较淡。单株重 55~77 克。中熟，耐寒力弱，植株生长慢，冬性较强，3 月上旬抽薹。遇冰雪，心叶腐烂，叶柄开裂。宜作秋芹和春芹菜栽培。秋芹菜：7 月下旬至 8 月上旬播种，苗龄 40~60 天，10 月下旬至 12 月下旬收获。春芹菜：3 月播种，4 月下旬至 5 月下旬收获。定植后 50~60 天收获，生育期 90~100 天。

六、北京细皮白

由国外引进品种经过多年选育而成。特征：北京细皮白芹菜植株细长直立，高 70~80 厘米，横径 10 厘米左右。叶柄较长，色绿，光滑，背面棱线细，腹沟浅而窄。叶柄实心，纤维少，质脆嫩，耐热性弱，不耐贮藏。适宜秋栽及温室和大棚栽培。

七、雪白实芹

图 4-2-5　雪白实芹

该品种是经多年群体混杂后单株定向选育成的新一代品种（图 4-2-5），其品质、抗病性、丰产性均优于其他同类品种，植株高可达 70 厘米。叶嫩绿肥大，叶柄宽厚，实心，腹沟深，雪白晶莹，口感脆嫩，香味浓。耐热抗寒，生长快，长势强，四季可栽培。以"独特的雪白晶莹、香味浓郁"深受广大消费者喜爱。

八、上海黄心芹

上海黄心芹（图 4-2-6）植株直立，株高 60 厘米左右，叶片黄绿色，叶柄青黄色，茎秆嫩黄色，心叶金黄。质地脆嫩，纤维少，味清香，商品性极佳。特耐热，生长速度快，是夏秋栽培的优选品种。

图 4-2-6　上海黄心芹

九、金黄芹菜

该品种属新选品种，适宜我国大部分地区栽培，抗病性、丰产性极为突出。植株高大，长势强，株型较紧凑。叶柄半圆筒形，呈柔和蛋黄色。纤维少，质脆，香味浓，产量高。以"独特的亮丽色泽、香味浓郁"而深受喜爱金黄色芹菜地区的菜农种植。

十、犹他系列

绿色品种，株高 64~70 厘米，叶柄长 28~31 厘米厚而光滑，易软化，外部叶片易老化空心，应及时采收，生长期 115~120 天。

十一、佛罗里达 683

绿色品种，系从犹他系列中选出，株高 56~61 厘米，呈圆筒形，叶柄长 26~28 厘米，抗病力较强，耐寒性差，易抽薹，不宜于寒冷季节栽培，生长期 110~115 天。

十二、高金

该品种株高 65~70 厘米。叶柄浅绿色，实心，纤维含量少，品质佳。叶柄平均长 32 厘米、宽 1.5 厘米、厚 1.1 厘米。叶片浅绿色，味浓，单株重 750 克左右。适于早春及夏秋季栽培。

十三、意大利冬芹

意大利冬芹（图 4-2-7）株高 60 厘米，植株较直立，叶柄长 30 厘米左右。叶片深绿色，表面光滑。叶柄肥厚、较圆、实心、纤维少、不易老化、脆嫩。抗病抗寒，适宜在秋冬季节栽培。

图 4-2-7　意大利冬芹

图 4-2-8　意大利夏芹

十四、意大利夏芹

该品种生长旺盛，株高 80 厘米左右。叶柄平均长 40 厘米，肥厚脆嫩，基部宽 1.6 厘米。叶柄棱线明显，实心（图 4-2-8）。植株抗性稍差。

十五、SG 黄嫩西芹

该品种是天津市宏程芹菜研究所利用美国百利西芹杂交选育的西芹新品种（图 4-2-9），经多年试验示范推广，该品种表现株形紧凑，叶片大深绿色，叶柄肥大宽厚实心绿色，粗纤维少，品质好，产量高，抽薹晚，对病毒病、斑枯病和心腐病有较强的抗性。一般株高 70 厘米，单株重 1~2 千克，定植后 90~120 天收获，栽培条件适宜亩高产可达 5 000~10 000 千克，适宜我国大部分地区露地和保护地栽培。

十六、百利西芹

该品种株形粗壮，全株重可达 1.5 千克（图 4-2-10）。品种早熟，定植后 70~75 天始收，株高 80 厘米，叶柄长超过 30 厘米，宽 2~3 厘米，叶柄 8 片左右，腹沟浅，淡绿色，光泽好，纤维少，品质脆嫩清香。

图 4-2-9　SG 黄嫩西芹

叶缘深裂，株型紧凑；冬性强，较耐抽薹，抗病性好，产量高，商品性佳，适合于保护地露地春秋栽培。喜冷、凉气候。亩植2万株，亩产10 000千克以上。

十七、美国加州皇芹菜

"加州皇"芹菜是美国最新选育品种，属早熟型，移植后70天可收，植株健壮高大，柄长而紧凑，可食率高，长30厘米以上，鲜菜青翠绿，特别脆嫩无筋，亩产可达7 500千克以上，适应性广，抗病性强。

十八、美国文图拉

该品种从美国引进，经多代提纯选育

图4-2-10　百利西芹

而成，株高70厘米，8片叶左右，叶柄宽厚翠绿，有光泽，腹沟较浅，组织充实。第一节长30厘米以上，质地脆嫩，纤维少，品质佳。株形紧凑，冬性较强，抗病性好，产量高。适合保护地及春、秋露地栽培，亩植2万株，单株重600克以上，由定植到收获80天，一般亩产8 000千克左右。

十九、英皇

最新引进国外西芹中熟品种，生长速度快，株高75厘米左右，叶柄嫩绿色而有光泽，纤维少、商品性好，株形抱合紧凑、耐低温、抗病性强，尤其对枯萎病有较强的抗性，定植后75~80天收获，适宜露地及保护地栽培，也可中小棵种植。

二十、四季西芹

特征特性该品种适应性广，产量高，株高可达60厘米，叶柄宽大肥嫩，嫩绿带淡黄色且具有光泽，纤维少，香味极浓，品质佳，耐热抗寒，抗病性好，四季可栽培，综合性状优良，值得大面积推广。

二十一、种都西芹王

特征特性该品种抗逆性强，适应性广，适应秋露地及保护地越冬栽培。长势强劲，株高约 60 厘米，株型紧凑，叶色绿，叶柄宽可达 3 厘米，实心，色嫩绿带淡黄色，质地脆嫩，纤维少，味清香，单株重可达 800 克。

二十二、美国西芹王

特征特性该品种在低温条件下生长较快，适宜冬春保护地及春秋露地栽培，抗叶斑病、枯萎病。生长势强，比同类品种生长迅速、上市早，株高可达 70 厘米左右。叶色绿，叶柄嫩绿带淡黄色，有光泽，腹沟较平，基部宽厚，合抱紧凑，品质脆嫩，纤维极少而香味特浓。单株重可达 1 千克。

二十三、康乃尔 19

黄色品种，植株较直立，株高 53~55 厘米，叶柄长 24~26 厘米，易感软腐病，宜于软化栽培，软化后呈白色，品质佳，抽薹较迟，生长期 100~110 天。

二十四、皇冠西芹

图 4-2-11　皇冠西芹

该品种是用美芹和法芹杂交而成的优良品种（图 4-2-11），具有生长速度快，长势旺盛，色泽黄亮等特点，株高 80 厘米左右，叶色绿黄，叶柄肥大宽厚，腹沟较浅，基部宽 4~5 厘米，第一节长约 35 厘米，叶柄包合紧凑，品质脆嫩，纤维极少，色泽黄亮，耐寒耐热性强。适宜冬春保护地栽培。抗枯萎病，对缺硼症抗性较强。定植后 80 天可收获，单株重可达 1.5~2

千克，亩产 10 000 千克以上。

二十五、塞星

中晚熟西芹品种，前期生长势较慢，适合大株型芹菜栽培和密植栽培，直立性好，底部抱合紧，叶片锯齿尖型，叶柄淡绿色，纤维少，实心，有光泽，商品性好，品质佳，株高 70 厘米左右，一般第一节叶柄长 30 厘米左右，基部叶柄宽 3 厘米左右，进行大株芹菜生产单株重为 1 千克左右。抗病性较强，定植后 85~95 天收获。适宜我国大部分地区秋露地及秋冬季保护地栽培。

二十六、赛瑞

早熟西芹品种，生长势强，抗病性强，适宜露地及保护地周年栽培。株高 80 厘米左右，叶柄浅绿色，纤维少实心，有光泽，叶柄第一节长 35 厘米左右，密植栽培单株重为 0.5 千克左右，定植后 70 天收获。疏植栽培单株可达 1 千克。适宜我国大部分地区露地及秋冬季保护地栽培。

二十七、玉香 1 号

从江苏省昆山地区的毛芹菜品种中经系统选育而成的芹菜新品种，其分蘖性强、叶色深绿色、香味浓郁、质地脆嫩、口感好，适合鲜食，尤其适宜作芹菜馅料。该品种于 2015 年通过了江苏省农作物品种审定委员会审定。玉香 1 号芹菜长势强，植株分蘖较明显；叶簇半直立，叶片深绿色，叶缘锯齿尖型，二回羽状复叶顶端小叶叶片边缘齿刻密，裂片间隔分离，叶柄筋无突起，叶柄内测轮廓较平，叶柄无白化。抗叶斑病、菌核病和早疫病。每亩产量 1 600 千克左右。玉香 1 号芹菜适宜在苏南及沿江地区作保护地栽培。春季保护地栽培，苏南地区一般在 1 月初播种，3 月下旬定植，每亩用种量 450 克左右；秋季保护地栽培，一般在 8 月下旬播种，11 月中旬定植。

图 4-2-12　皇妃西芹

二十八、皇妃西芹

引进美国西芹早熟品种（图 4-2-12），植株直立紧凑，生长旺盛，株高 80 厘米左右，叶片大，叶色绿，叶柄淡绿色，有光泽，叶柄抱合紧凑，品质脆嫩，纤维极少，抗枯萎病，对缺硼症抗性较强，从定植到收获需要 80 天，单株重 1 千克左右，亩产 10 000 千克左右。

二十九、申香芹一号

该品种系上海市农业科学院园艺研究所选育，是从日本引进实心型本芹品种"青秀"，经变异系连续 6 代定向自交系统选择的稳定品系。该品种植株生长势强，株型直立，叶色浓绿，叶柄和心叶均为淡绿色，叶柄内腔空心，细长纤秀，长 60~70 厘米，开展度 21~23 厘米，叶片锯齿状，质地脆嫩，纤维少，香气浓郁，品质佳，可多次采割。

三十、天双西芹

该品种系天津市兴科种子有限公司选育，是以 2001-11-8 津南实芹与 2001-26-4 美国西芹杂交后经过分离纯化而成。该品种株型直立，叶片绿色、较小，叶缘锯齿形，叶柄实心，粗大肥厚，有光泽，株高 70 厘米，单株重 1 千克左右，较耐寒抗病。适宜露地及大棚栽培。

三十一、津耘小香芹

该品种系天津市耕耘种业有限公司选育，是从山东省章丘地方品种中发现的变异单株，经连续 4 代定向自交系统筛选出稳定品系。该品种生长势中等，株型直立，叶色浓绿，叶柄和心叶均为绿色，叶柄实心圆形，细嫩光亮，株高 30 厘米，开展度 8 厘米，叶柄质地脆嫩，纤维少，单株重 50 克，味浓，口感佳，抗病性强。

第五章　保护地芹菜栽培管理技术

保护地栽培的设施可采用小拱棚、大棚等。保护地栽培茬口一般包括春茬、秋延后茬、越冬茬。

第一节　芹菜浸种催芽的一般技术

芹菜种子中含有挥发油，果皮呈黑褐色，外皮革质透水性差，发芽慢而不齐。首先要除掉外壳和秕籽再浸种。先用温水浸种 24 小时，再用清水洗几遍，边洗边用手轻轻揉搓，搓开表皮到种子已散落为宜。摊开晾种，待种子半干时，装入泥瓦盆或碗中盖上湿布，或用湿布包好埋入盛土的瓦盆里，或掺入体积为种子体积 5 倍的细沙，再装入盆内或木箱中，置于温度为 18~20℃的阴凉处催芽，每天要翻动 2~3 次，如发现表皮干了，要适当补充水分，以保持种子潮湿，5~7 天即可出芽。

第二节　塑料薄膜小拱棚春芹菜栽培技术

一、春芹菜品种选择

春芹菜正处于低温短日照向高温长日照转变的气候条件下，容易出现未熟抽薹的情况，因此要选择抗寒性强，不易抽薹的品种。

二、春芹菜育苗期管理

浸种催芽。具体见前文所述。

播种。在温室靠东西山墙和前底脚部温度较低处作畦，浇底水播种，每平方米播种量为 15 克左右。芹菜苗期易患猝倒病，为控制病害发生，播种时要施药土，药土用70%五氯硝基苯和65%代森锌各5克与15千克半干半湿细土混合配制。播种时先整平床土，浇足底水，随后铺2/3药土再播种，播种后再盖1/3药土。使用药量要准，以免出现药害。一旦出现药害，要及时浇水缓解。播后上面覆地膜以增温保湿，夜间温度低时可扣小拱棚保温。

苗期管理。幼苗出土期间，床温保持在20~25℃，50%幼芽出土时撤下地膜。芹菜幼苗期喜冷凉湿润条件，高温干旱条件下生长缓慢，低温多湿则生长脆嫩。白天温度控制在15~20℃，夜间5~10℃，白天超过20℃时要放风，畦面保持湿润，做到见干见湿。定植前10~15天开始练苗，加大放风量，降低夜温，停止灌水，增强幼苗抗寒能力，提高对露地定植的适应性。

三、定植

整地施基肥。小拱棚春芹菜定植以露地土壤化冻15厘米时为宜，亩施优质农家肥5 000千克，做成的畦宽为1~1.5米，长为6~10米。

栽苗。播种后50~60天，当秧苗长到5~6片真叶时，露地土壤化冻15厘米时即可定植。这茬芹菜从播种到收获只需100~120天，但其产品不是肥大的中层叶片，而是徒长的外叶和刚抽出的嫩蔓，单株产量不高，因此要密植，靠群体增产。一般行距10厘米，穴距8~10厘米，每穴3~4株，亩保苗20万株左右。栽苗时保持苗期植株入土深度，栽后灌足水，搭小拱棚骨架，扣上塑料薄膜，周围用土压严踩实。

四、定植后的管理

温度调节。定植初期要密闭保温。中午棚内温度较高，但因棚内湿度大，水分足，可促进缓苗。如心叶变绿，表示芹菜已缓苗，此时温度应控制在15~20℃，如白天超过20℃时要及时放风。定植后1个月，大地气温已经适合芹菜生长，要选无风的晴天，全部揭开棚膜放风，夜间无寒潮时开口放风。终霜期过后，于阴雨天或在早晨或在傍晚撤掉小拱棚。

肥水管理。定植时浇 1 次透水，定植后浇 1 次缓苗水，以促进缓苗，经常保持畦面湿润，缓苗后选无风天进行中耕除草，促进发根。芹菜开始迅速生长时，已近封垄，生长速度加快。叶柄迅速肥大，此时要肥水齐攻，以促进芹菜的营养生长。追肥要将薄膜揭开加大放风，叶片上露水散去后，撒施硫酸铵，每亩施 25 千克左右。随即浇 1 次水。以后每隔 3~4 天浇 1 次水，保持畦面潮湿，自叶柄迅速膨大到收获前大水勤浇，促进其迅速生长。为防止化肥烧苗，追肥后可用笤帚扫叶 1 次，使植株上的化肥粒落到地上。

五、收获

　　根据芹菜的生长情况和市场需求，定植后 50~60 天，当叶柄长达 40 厘米，新抽嫩薹长 10 厘米即可陆续收获。由于春季温度低，日照长，芹菜易抽薹，收获过晚，薹高老化，品质下降。收获时不能劈收，要贴根一次割下。如果选用的品种不易抽茎，也可以劈收。一般从春到秋可劈收 4 次。第一次劈收后，将抽茎株拔掉、松土，间去弱苗。当新发出 3~4 片叶，株高已超过 10 厘米时，结合浇水追 1 次稀粪，当株高达 30 厘米时，追 1 次硫酸铵，每亩 25 千克，以后每隔 2~3 天浇 1 次水，直到再次劈收。

第三节　塑料薄膜大拱棚春芹菜栽培技术

一、品种选择

　　此茬要注意选择抗寒性较强、优质抗病、抽薹较晚或不易抽薹的品种。栽培品种通常分空心、实心 2 种，主要品种有春丰、津南实芹 1 号等，近年来，西芹如康奈尔 618、佛罗里达 683 等也有栽培。

二、育苗

　　大拱棚覆盖春芹菜，一般需要在土壤化冻 15 厘米左右才能定植。全国各地定植时间，一般按各地适宜定植期向回推算 60

天左右，即为适宜播种期。大棚芹菜以 60 天苗龄、株高 10~13 厘米、3~4 片叶为宜。如有条件，可采用 80 天大龄苗，株高 20~23 厘米、5~7 片叶。

三、浸种催芽

具体见前文所述。

四、苗床准备

北方多在塑料薄膜温室中播种，实行平床撒籽播种。苗床土要肥沃、细碎、畦平。床土配制：没种过芹菜的肥沃园土 6 份、充分腐熟的马粪 3 份、厩粪和大粪干 1 份，每平方米苗床再加入 0.5 千克化肥，床土要混匀过筛。床土厚度为 12 厘米。

五、播种

播种前苗床要打足底水，水层深 3~5 厘米为宜。水渗下去后，床面撒一层 3~4 毫米厚的细面土。然后播种。播后覆土厚度 0.5 厘米。覆土过薄，易抽干芽子，难以出齐苗，覆土过厚，幼苗出土慢且困难，易造成幼苗瘦弱。其苗期猝倒病害防治、除草醚使用详见小拱棚春芹菜栽培部分。播种后覆盖地膜或用塑料小拱棚覆盖，促进其出苗。待 50％出苗后，撤除覆盖物。

六、苗期管理

早春温室育苗，出苗后中午日照强烈，要掀开塑料放风或放帘子遮阳。苗期温度，白天控制为 20~25℃、夜间为 13~15℃。苗期水分不宜过多，要及时除草，不移植可适当间苗，有条件的可进行 1~2 次移苗。定植前 10 天左右加大放风，降低昼夜温度，夜间最低温度降到 0℃左右，以提高其对外界环境条件的适应能力。

七、定植

1. 烤地施肥

早春要在定植前半个月左右时扣棚，烤地增温，施优质农家肥7000千克左右，整地时，有条件的每亩再撒施尿素20千克左右。做成宽1米左右的平畦，畦要整平耙细。

2. 定植期

当棚内室温稳定在0℃以上即可定植，以地温10~15℃为最好。可采取在大棚内扣小拱棚，提早播种期。例如华北地区为3月上、中旬适宜定植。

3. 定植

定植前1天，苗床浇1次透水，以防起苗时伤根。起苗时连同床土铲起运至棚内，实行穴栽。由于定植时密度较大，故多采用平畦干栽的方法，栽后浇水，定植深度以不埋没苗子心叶为宜，一般2~3厘米。定植过深，心叶淤土，缓苗慢，影响其正常生长；定植过浅，易被水冲出或侧伏，造成缺苗断条。

4. 定植密度

本芹多在1米宽的畦内栽5行，穴距10~12厘米，每穴5~7株。每亩约3万穴；西芹植株较大，畦栽4行，穴距30厘米，每穴单株，亩栽7 000~8 000株。

八、定植后管理

芹菜喜凉，又喜肥水。丰产的管理要点是防高温、大水多肥。

1. 温度调节

芹菜的生长适宜温度为18~22℃，超过25℃易徒长，低于15℃也不利于生长。土温15~20℃时最适宜。定植初期，外界气温较低，芹菜生长缓慢，定植后要连续松土 3~4 次，深 3~5 厘米，每次间隔 5~7 天，以提高地温，促进生根发苗。棚温可保持 20~25℃，超过 25℃要放风，随着外界气温逐渐升高，要加大放风量，降低棚内温湿度，棚内温度过高，极易使叶片变薄，叶柄细弱，影响产量。在收获前 10~15 天，要特别注意低温管理，白天气温保持在 22~25℃，夜间温度 10~15℃即可。这样有利于营养物质的积累，对芹菜的产量、质量都有益。

2. 水肥管理

定植后要连续浇 2~3 次水，为避免降低地温，每次要少浇，浇后要及时松土。缓苗后至心叶开始生长时，要控制浇水，进行松土，以促进很系生长。心叶开始生长之后，萌生大量侧很，形成翻根现象，大量吸收水肥，故要加大肥水。每 5~7 天浇 1 次水。保持土壤湿润。隔 1 次水追 1 次肥。化肥和稀粪交替追施。临近采收前不要追施稀粪。化肥以尿素、硫铵为主，每亩每次施 15 千克左右。同时注意每亩施用 15~20 千克钾肥。

在芹菜生长的中、后期，要保持土壤湿润，不要脱肥，否则会造成芹菜叶片细小，叶柄纤维过多，组织老化，易空心，降低其品质和产量。芹菜对硼敏感，缺硼时易出现裂茎症，可每亩施用 0.5~0.75 千克硼砂。如采收前半个月喷施 30~50 毫克／千克赤霉素 1~2 次，则增产效果更佳。

九、采收

收获方式有 2 种。一是采取割收办法，全株一次性收获。一般可在定植后 60~70 天，植株充分长大时一次性割收或拔收，拔收后洗净或削去根部再捆扎成束。

另一种是分次劈收，每次每株劈收 3~5 片叶，在定植后 35 天即可劈收，每次劈收叶数不可过多，要注意保护心叶，收后捆扎成束上市。

第四节 芹菜秋延迟栽培技术

利用阳畦、中小拱棚或改良阳畦等设施，进行芹菜秋延迟栽培，可丰富春节蔬菜市场，获得比较稳定的经济效益。

一、芹菜秋延迟栽培的品种选择

利用阳畦、中小拱棚、改良阳畦等秋延迟栽培须选用适应性较强、耐寒性强、较耐弱光、品质优良的实秆品种，如天津黄苗芹菜、玻璃脆芹菜、潍坊青苗芹菜等。近几年来，西芹在部分地区很受欢迎，如冬芹、类芹、佛罗里达 683 等品种，也可用于秋延迟栽培。西芹在种植安排上须比本芹至少增加 60 天以上的时间（苗期比本芹增加 20~30 天，定植后生长期延长 30~40 天）。西芹栽培，最好先栽培试种后，再大面积种植。

二、培育壮苗

1. 育苗时间

一般情况下，秋延迟芹菜露地育苗需 60 天左右的苗龄（西芹苗龄需 80 天左右），幼苗应具备 4~5 片真叶，苗高 15~20 厘米，根系发达，方为适龄壮苗。各地多于 7 月底播种育苗，9 月下旬至 10 月初栽培。若种植西芹，则需用防雨棚育苗，6 月上旬播种育苗，8 月下旬定植。元旦可收获产品，并延长至春节前供应市场。

2. 育苗床准备

芹菜种子小，胚芽顶土力弱，出苗慢。应选择地势高燥，排水灌水方便，土质疏松、肥沃的地块作育苗畦。西芹因育苗期长，又处夏季，应利用防雨棚，即中拱棚，棚顶盖膜，炎热天加盖一层遮阳网，创造防雨、防涝、降温的环境进行越夏育苗。育苗畦要施腐熟的有机肥作基肥，深耕、耙平，同时要取出部分畦土，过筛后备作覆土。育苗畦一定要整细、耙平才能播种。整畦后，要喷施除草剂进行杂草防治。药剂可每 667 平方米用 48% 的氟乐灵乳油 125 克，对水 60~100 千克，于畦面上喷洒，立即中耕

5~10 厘米，使药剂与表土充分混合，该除草剂药效持效期为 2~3个月。

3. 浸种催芽

具体见前文所述。苗期管理：播种前，畦内浇足底水，带水用耙子将畦面刮平。将发芽的种子掺入少量细土，待畦内水渗后均匀撒播。播完后覆土 0.5~1 厘米，不可过厚，否则出苗困难。一般栽植 667 平方米芹菜，需用种 300~500 克。

播种后为减少水分蒸发和降低畦温，可在育苗畦上覆盖草帘遮阳。大部分出苗后，于下午 4：00~5：00 撤除覆盖物，并浇 1 水，不使畦面干燥。在出苗期间若天旱无雨，应小水勤浇，即 2~3 天浇 1 小水；浇水宜于清晨和傍晚进行，保持畦面湿润，以利用苗。幼苗出土后第 1 片真叶展开前，其根系弱，不抗旱，畦土过干常造成死苗。因此，出苗后仍需勤浇小水，保持畦面内湿润。芹菜苗期生长缓慢，对土壤干旱、缺肥反应敏感，易受病、虫和杂草危害。幼苗 2~3 片真叶期仍要注意及时浇水，4 片真叶时，应减少浇水次数，促进根系生长和幼叶分化。育苗期间要及时进行间苗，一般第 1 片真叶展开后进行第 1 次间苗，苗距 1.5 厘米左右；2~3 片真叶进行第 2 次间苗，苗距 3 厘米左右。间苗应结合拔除杂草。有蚜虫为害，喷施 800~1 000 倍乐果乳油等药剂防治。发生斑枯病或斑点病时，可喷布 600~800 倍 75% 百菌清等药剂。苗高 5~6 厘米时，若表现缺肥，可每 667 平方米施硫酸铵 10~15 千克，随之浇水。

三、定植及定植后管理

秧苗基本达到适龄壮苗标准，应及时安排定植。阳畦秋延迟栽培时，定植前应做宽 1.5 米左右（其中北畦宽 30 厘米），长20~25 米的东西向畦，并按 3 畦或 4 畦 1 组，留出风障畦和准备放覆盖物的畦。栽芹菜的畦应每 667 平方米施 5 000 千克腐熟的圈肥和 25 千克氮、磷、钾复合肥作基肥，深翻后耙平畦面。移苗前，育苗畦内要浇透水，以便于提苗。定植时，本芹株行距各 12~13

厘米，西芹株行距为25~35厘米。栽植宜浅，不要埋住心叶，但要理实，栽完随即浇水；2~3天后再浇1水；7~8天后可缓苗生长。缓苗后，应适当控水蹲苗，为促进发根和幼叶分化，须进行中耕松土。通过蹲苗，可使芹菜苗根系扩展，发现畦中有一部分根上翻时，可往畦内施充分腐熟的鸡粪等，每667平方米施1 000千克。施肥后浇水，促植株健壮生长。

覆盖保护：10月中、下旬，阳畦秋延迟栽培的应筑畦墙，北墙高45~50厘米，南墙高25~30厘米，东西墙为北高南低的斜墙；墙厚一般为30厘米左右。秋延迟栽培芹菜覆盖薄膜不宜过早，否则畦温偏高，植株生长细弱，不健壮。但也不可覆盖过晚，以免发生冻害。一般情况下，11月上、中旬根据天气变化，做到在强寒流到来之前覆盖薄膜。阳畦或小拱棚栽培的，可先贴畦墙北面立风障，然后在畦墙上放竹竿或在畦上插拱杆，再盖薄膜。小拱棚的拱杆应插在畦埂外侧，以增加拱棚内的空间，尽量使小拱棚中央高度达到80厘米以上。寒流过后天气回暖，白天气温达10℃以上时，应揭开薄膜，令植株多见阳光，避免拱棚或阳畦内温度过高。11月下旬至12月上旬，盖膜后夜间温度达不到5℃时，应加盖苇毛苫或草苫。

覆盖后的管理：盖膜后畦（棚）内蒸发量减少，浇水不可过多，但须保持土壤湿润，以促芹菜生长。盖膜前后，芹菜植株上应严密喷布1~2遍乐果乳油等药剂防治蚜虫。覆盖草苫等不透明覆盖物后，要根据天气状况及时揭盖草苫、苇毛苫。午间温度较高时要及时进行通风换气，白天棚（畦）内温度控制在15~20℃，不宜超过25℃；夜间以不低于6℃为宜。覆盖前期，气温较高时，草苫、苇毛苫等应掌握早揭晚盖；天气较冷后可晚揭早盖，并适当减少通风量。遇连阴冷天，可在中午前后揭苫并及早盖苫，但不可连日不揭苫，否则植株会变黄，降低产量和品质。十分寒冷的天气，揭苫前应检查芹菜是否已受冻，若已受冻，应等芹菜解冻后再揭苫，以避免受冻的芹菜见光后迅速解冻而受损伤。

四、后期收获

当芹菜植株高达 60 厘米以上时，可根据市场需要，选晴暖天气收获上市。

第五节　芹菜大拱棚越冬茬栽培关键技术

越冬芹菜选用天津实心芹、玻璃脆等品种，8 月中下旬播种育苗，10 月中旬移栽，移栽前每亩施腐熟有机肥 5 000 千克左右、磷酸二铵 25 千克、硼肥 0.5~1 千克，深翻细耙，做成宽 1.2 米的畦。定植前将畦灌透水，待水渗下后移栽，株行距 8 厘米见方。定植后立即浇水，2~3 天再浇 1 次，一般连浇 3~4 水，缓苗后及时摘除发黄、枯萎的外叶、老叶；同时适当控水蹲苗 7~10 天，11 月中下旬视天气情况，在寒流来之前覆盖棚膜。初盖时温度高要注意放风降温，随着外界气温下降，要加盖草苫保温材料。白天温度 20℃左右，夜间保持 13~18℃，严冬夜间最低气温也尽量保持在 5℃以上。随后随着棚内气温的升高，芹菜进入了生长的旺盛期，要肥水齐攻，每亩追施尿素 10 千克，半个月以后再追施 1 次，每次浇水要及时放风排湿；在午间温度高时要及时通风换气，温度过低时，加盖草苫。

病虫害防治方法、收获详见前文所述。

第六节　芹菜日光温室栽培技术

以东北地区为例。东北地区可在多种保护地内栽培芹菜，实现周年供应。

一、茬口安排

芹菜在该地区日光温室内可作秋、冬、春三季栽培，从茬口上讲，主要有秋茬、冬茬、春茬。

秋茬于 7 月中旬至 8 月初育苗，苗龄 60~70 天，9 月中旬至 10 月中旬定植，70~75 天收获，11 月下旬至 12 月上市。秋冬茬于 8 月上旬至中旬育苗，苗龄 60~70 天，10 月上旬至中旬定植，75 天左右收获，1 月下旬至 2 月上市，主要供应元旦和春节。春茬于 11 月下旬至 12 月上旬育苗，苗龄 70 天左右，2 月上旬至下旬定植，75 天左右收获，4 月下旬至 5 月上市，此时正是蔬菜淡季，价格较好。

二、品种选择

日光温室生产要选择冬性较强、抽薹较晚的品种，同时还要抗病、高产。美国文图拉等是较好的品种。

三、主要栽培技术

以秋冬茬芹菜栽培技术为例。

（一）育苗

1.整地作畦

在育苗前 15 天，要翻耕晒垡。结合翻耕，每亩施腐熟有机肥 4 000~5 000 千克，过磷酸钙 30~35 千克，尿素 10~15 千克作基肥，并兼施一些含磷、钾、钙和微量元素（如硼等）的叶菜类专用复混肥，以补充硼、钙等营养，防止叶柄裂纹病和烂心病的发生。地块整好后作畦，畦宽 2 米，畦长 5.5 米，畦面要平、细、实。

2.种子处理

在播种前 7~8 天进行。具体见前文所述。

3.播种

播种时间一般在 8 月上旬至 8 月中旬。每亩需种量 50~100 克。播种方式分为条播和撒播 2 种。因芹菜种子细小而量少，应掺一些炉灰便于播种。将炉灰用窗纱筛过，称 3 千克炉灰分成 3 份，即每份 1 千克，将 20 克种子也分成 3 份。然后，分 3 次用大盆将每份炉灰与每份种子搅匀；将拌好炉灰的 3 份种子掺到一起进一步充分拌匀，最后再分成 3 份，备用。播种前浇足底水，待水下渗后土壤可操作时，按 6~7 厘米行距用锄头在畦面划沟，将种子均匀撒于沟内，用细沙覆盖，厚度 0.3~0.5 厘米为宜，掌握每份种子刚好播 1 个苗畦（面积 11 平方米）。播种最好在阴天或午后进行，以防日晒伤芽。

4. 苗期管理

播种后出苗前要保持苗床土壤湿润，当幼芽顶土时，可轻浇 1 次水。芹菜易出现死苗、烂苗及高脚苗现象，可于出苗前在畦面上盖草帘或架设遮阳网，以降温、保湿，防止阳光直射及雨水冲刷。小苗出齐以后仍保持土壤湿润，每隔 2~3 天浇 1 次小水，早晚进行，幼苗长出 1~2 片叶时可撒 1 次细土，并将遮阳物逐渐去掉，锻炼幼苗。苗期白天温度保持 15~20℃，不超过 22℃，夜间不低于 8℃。幼苗长出 3~4 片叶时进行分苗，6~7 厘米见方留 1 棵苗。也可用 128 孔穴盘分苗。要随移栽随浇水，并适当遮阳，分苗一般在午后进行。分苗前要进行苗和除草。分苗成活后可追 1 次肥，每 667 平方米施尿素 5 千克。当苗高 10 厘米时 667 平方米可随水再追施尿素 6 千克。待苗长至 5~6 片叶时定植，苗龄 60~70 天。壮苗是高产的基础。生长粗壮，颜色浓绿，次生根多而白，无病虫害，即为壮苗。由于床面位置不同，温度、光照、水分等条件不一致，小苗长势会有所差异，对特别弱的苗可通过偏肥偏水的办法调整，使其生长均匀一致。如已分到穴盘内，则挪动穴盘即可。

（二）整地定植

10 月上旬至中旬定植。上茬作物收获后，立即清理残株杂物，整平地面。虽然芹菜根群主要分布在 20 厘米的土层中，但在疏松的土壤中根的纵向、横向分布可达 1 米以上，因此，深翻很重要。芹菜产量的高低和品质的优劣与充足的氮素肥料及农家肥供应有密切关系。芹菜对氮素肥料的吸收量最大，据有关资料介绍，芹菜整个生育期每亩需肥大致为氮 60 千克，磷、钾各 40 千克。其中氮素用作基肥和追肥各占 1/2，钾肥 2/3 用作基肥，13/ 用作追肥，磷肥全部作为基肥。每亩施 5 000 千克农家肥，既可以疏松土壤，又能补充微量元素。基肥撒施再翻耙 1 遍，使肥料与土壤充分混合，然后起垄，垄距 70 厘米，垄高 10~15 厘米。苗床在定植前 1~2 天浇水，便于定植起苗时少伤根。定植时连根挖起菜苗，大小苗分开定植，淘汰病苗、弱苗。随起苗随移栽。栽时先用尖锹开穴，将幼苗放入穴中。栽植深度以原苗入土深度为准，不要埋住心叶，以免影响发育和生长；同时不能露根，栽浅了缓苗慢。每垄栽 2 行，行距 35 厘米；培育大棵的，株距 30 厘米，每亩栽 6 000~7 000 株；培育中型棵的，株距 25 厘米，每亩栽 7 000~8 000 株。单株定植。栽后及时浇定植水，使幼苗根系与土壤紧密结合，防止幼苗根系架空吊死。

（三）定植后的管理

1. 温度调节

具体见前文所述。随着室外气温的降低，夜间温室内温度降到 10℃时要注意加强保温，防止冻害，以利于旺盛生长。

2. 肥水管理

具体可参考前文所述。

第七节　芹菜无土栽培技术

一、播种和育苗

芹菜无土栽培育苗所用基质，以选用便于提苗的细蛭石、泥炭为好。播种基质厚 10 厘米。株间距 0.2~0.3 厘米，株高 3~5 厘米时分苗，分苗株间距 5 厘米，株高 12~15 厘米时定植。芹菜播种前先浸种催芽，种子出芽后用种子 10~15 倍体积的细蛭石与种子混匀撒播；播完用 0.5 厘米厚蛭石覆盖，喷透水。种子出苗期间，5 厘米基质温度应保持在 20~22℃。出齐苗后基质温度降至 18~20℃，并保持基质湿润，避免干燥死苗。

二、定植

定植前基质要用自来水冲洗 2~3 遍，冲掉基质中的水溶性物质和杂质，保持基质湿润。定植时大小苗应分别定植，株、行距保持 10 厘米，单株定植。定植深度以露出心叶为宜，过浅易倒苗，缓苗期长。定植时间，冬季以中午、夏季以下午为好。

三、温度及营养液管理

基质温度要求白天保持 18~20℃，夜间 12~15℃；空气温度白天 18~22℃，夜间 10~16℃，最高、最低温度不超出 10~30℃范围；贮液池内营养液温度保持 15℃以上，过低时应考虑加温。芹菜无土栽培只需白天供液。定植到封垄前每天供液 1~2 次，封垄后每天供液 2~3 次。供液量以槽底出现少量渗水为宜。夏季营养液应避免太阳直晒；冬季营养液应放在温度较高的地方。

病虫害防治：芹菜无土栽培条件下极少发生病害。害虫主要是蚜虫和白粉虱，可用 40% 氧化乐果 800 倍液或 2.5% 速灭杀丁 3 000 倍液防治，7~10 天喷药 1 次。

第六章 芹菜主要病虫草害与生理性病害的识别与防治

第一节 芹菜病害的防治

一、芹菜斑枯病的识别与防治

芹菜斑枯病(图6-1-1,图6-1-2)又名芹菜晚疫病、叶枯病。是冬春保护地及采种芹菜的重要病害,发生普遍而又严重,对产量和质量影响较大。此病在贮运期还能继续为害。

图 6-1-1 芹菜斑枯病大斑型

图 6-1-2 芹菜斑枯病茎部发病症状

芹菜斑枯病主要为害叶片,也能为害叶柄和茎。一般老叶先发病,后向新叶发展。我国主要有大斑型和小斑型2种。大斑型初发病时,叶片产生淡褐色油渍状小斑点,后逐渐扩散,中央开始坏死,后期可扩展到3~10毫米,多散生,边缘明显,外缘深褐色,中央褐色,散生黑色小斑点。小斑型,大小0.5~2毫米,常多个病斑融合,边缘明显,中央呈黄白色或灰白色,边缘聚生许多黑色小粒点，病斑外常有一黄色晕圈。叶柄或茎受害时，产生油渍状长圆形暗褐色稍凹陷病斑，中央密生黑色小点。

病原菌为芹菜斑枯病原菌。病菌在冷凉天气下发育迅速，高湿条件下也易发生，发生的适宜温度为 20~25℃，相对湿度为85% 以上。

芹菜最适感病生育期在成株期至采收期，发病潜育期 5~10 天。浙江及长江中下游地区芹菜叶枯病的主要发病盛期在春季 3 — 5 月和秋冬季 10–12 月。年度间早春多雨、日夜温差大的年份发病重，秋季多雨、多雾的年份发病重，高温干旱而夜间结露多、时间长的天气条件下发病重，田间管理粗放，缺肥、缺水和植株生长不良等情况下发病也重。

1. 生物防治方法

（1）预防方法。奥力克速净按 500 倍液稀释喷施，7 天用药1 次。

（2）治疗方法。轻微发病时，奥力克速净按 300~500 倍液稀释喷施，5~7 天用药 1 次；病情严重时，按 300 倍液稀释喷施，3天用药 1 次，喷药次数视病情而定。

2. 田间预防

（1）选用无病种子或对带病种子进行消毒。从无病株上采种或采用存放 2 年的陈种，如采用新种要进行温汤浸种，即48~49℃温水浸 30 分钟，边浸边搅拌，后移入冷水中冷却，晾干后播种。

（2）加强田间管理，施足底肥，看苗追肥，增强植株抗病力。

（3）保护地栽培要注意降温排温，白天控温 15~20℃，高于20℃要及时放风，夜间控制在 10~15℃，缩小日夜温差，减少结露，切忌大小漫灌。

（4）保护地芹菜苗高 3 厘米后有可能发病时，施用 45% 百菌烟剂熏烟，用量：每亩次 200~250 克，或喷撒 5% 百菌清粉尘剂，每亩次 1 千克。露地可选喷 75% 百菌清湿性粉剂 600 倍液，60%

琥·乙膦铝可湿性粉剂 500 倍液、64% 杀毒矾可湿性粉剂 500 倍液、40% 多·硫悬浮剂 500 倍液，隔 7~10 天 1 次，连续防治 2~3 次。

二、芹菜叶斑病

芹菜叶斑病（图 6-1-3，图 6-1-4）又称早疫病，主要为害叶片。叶上初呈黄绿色水渍状斑，后发展为圆形或不规则形，大小为 4~10 毫米，病斑灰褐色，边缘色稍深不明晰，严重时病斑扩大汇合成斑块，终致叶片枯死。茎或叶柄上病斑椭圆形，4~8 毫米，灰褐色，稍凹陷。发病严重的全株倒伏。高湿时，上述各病部均长出灰白色霉层，即病菌分生孢子梗和分生孢子。

图 6-1-3　芹菜叶点霉叶斑病　　　　图 6-1-4　芹菜叶斑病病茎

病原菌为芹菜尾孢，属半知菌亚门真菌。病菌以菌丝体附着在种子或病残体上及病株上越冬。春季条件适宜，产生分生孢子，通过雨水飞溅，风及农具操作传播，从气孔或表皮直接侵入。

此菌发育适温 25~40℃。分生孢子形成适温 15~20℃，萌发适温 28℃。持续时间长，易发病。尤其缺水、缺肥、灌水过多或植株生长不良发病重。

防治方法：

（1）选用耐病品种。如津南实芹 1 号。

（2）从无病株上采种，必要时用 48℃温水浸种 40 分钟。

（3）实行 2 年以上轮作。

（4）合理密植，科学灌溉，防止田间湿度过高。

（5）病初期喷洒 50% 多菌灵可湿性粉剂 800 倍液，或 50% 甲基硫菌灵可湿性粉剂 500 倍液、88% 可杀得可湿性粉剂 500 倍液。保护行条件下，可选用 5% 百菌清粉尘剂，每亩次 1 千克。方法同黄瓜霜霉病；或施用 45% 百菌清烟剂，每亩次 200 克，隔 9 天左右 1 次，连续或交替施用 2~4 次。

三、芹菜软腐病

芹菜软腐病（图 6-1-5）又称"烂疙瘩"，属细菌性病害，主要发生于叶柄基部或茎上。

图 6-1-5　芹菜软腐病

一般先从柔嫩多汁的叶柄基部开始发病，发病初期先出现水浸状，形成淡褐色纺锤形或不规则的凹陷斑，后呈湿腐状，变黑发臭，仅残留表皮。

此病在 4~36℃ 内均能发生，最适温度为 27~30℃。病菌脱离寄主单独存在于土壤中只能存活 15 天左右，且不耐干燥和日光。发病后易受腐败性细菌的侵染，产生臭味。病菌主要随病残体在土壤中越冬。发病后通过昆虫、雨水和灌溉及各种农事操作等传播，病菌从芹菜的伤口处侵入。由于病菌的寄主很广，所以一年四季均可在各种蔬菜上侵染和繁殖，对各季栽培的芹菜均可造成为害。芹菜软腐病的传播和发生与土壤、植株的伤口及气候条件密切相关，有伤口时病菌易于侵入，高温多雨时植株上的伤口更不易愈合，发病加重，容易蔓延。

防治方法：

（1）轮作。芹菜软腐病主要通过土壤等传播，重茬地的土壤中易积累大量的病菌，连茬势必易发病和加重病情。所以，应实行 2 年以上的轮作。

（2）栽培管理。由于软腐病菌首先是从植株的伤口处侵入，因此，植株伤口是发病的重要因素之一。为此，在定植、中耕、除草等各种操作过程中，应避免伤根或使植株造成伤口。定植不宜过深，培土不应过高，以免叶柄埋入土中；雨后及时排水；发现病株及时清除，并撒入石灰等消毒；发病期减少或停止浇水，防止大水漫灌。

（3）及时防虫。昆虫也能在植株上造成伤口，导致发病。所以，应及时防虫。

（4）药剂防治。发病初期就开始喷洒 72% 农用硫酸链霉素可溶性粉剂或新植霉素 3 000~4 000 倍液或 14% 络氨铜水剂 350 倍液或 50% 琥胶肥酸铜可湿性粉剂 500~600 倍液，每 7~10 天喷 1 次，连续喷 3~5 次。

四、芹菜菌核病

芹菜菌核病（图 6-1-6）为害芹菜茎叶。首先在叶片上发病，形成暗色污斑，潮湿时，表面生白色霉层，而后向下，蔓延，引起叶柄及茎发病，病部初为水浸状，后腐烂造成全株溃烂，表面生浓密的白霉，后形成黑色鼠屎状菌核。

图 6-1-6　芹菜菌核病

芹菜菌核病是由真菌引起的病害，以菌核留在土壤中或混在种子里越冬，成为第二年的初侵染源。子囊孢子借风雨传播，侵染叶片，田间多靠菌丝进行再侵染，脱落的病组织与叶片、茎秆接触，或病叶与健叶、或茎秆接触，菌丝可以直接传到健株上而重复侵染蔓延，适宜温度为 15℃，相对湿度在 85% 以上。

防治方法：

（1）无病株采种。种子用 10% 盐水选种，清除菌核，再用清水洗几次备用。

（2）加强、栽培管理。子囊盘出土盛期进行深中耕，切断子囊盘。棚室保护地夏季高温季节，深翻、覆膜、灌水、闭棚室升温，杀死菌核。勤松土，及时摘除下部老叶、病叶，生长期覆盖地膜。

（3）药剂防治。选用 50% 多菌灵可湿性粉剂 500 倍液，或用 50% 速克灵 2 000 倍液，或用 70% 甲基托布津可湿性粉剂 600 倍液喷雾，亩喷药液 50 千克，棚室可用 10% 速克灵烟剂或 10% 灭克粉尘剂。

五、芹菜黑腐病

多在近地面根茎部和叶柄基部处发病，有时也侵染根。受害部先变灰褐色，扩展后变黑腐烂，病部生出许多小黑点，严重的外叶腐烂脱落（图 6-1-7）。

致病菌为芹菜茎点霉。分生孢子器球形或半球形，黑色，初埋生后外露，分生孢子单胞无色，长椭圆形。

防治方法：

（1）综合防治。一是对重茬重病地块进行 2 年轮作。二是清除病源。收获后立即彻底清理病残体。栽培过程中及时摘除病叶、病株以消灭病源。

图 6-1-7　芹菜黑腐病

三是加强田间管理。合理安排栽植密度，防止茎叶郁闭；雨季遇雨及时排水，大棚内要防止雨水流入棚内，浇水切忌大水漫灌。

（2）药剂防治。可选用 75% 百菌清可湿性粉剂 700 ~ 800 倍液，40% 甲霜铜可湿性粉剂 700 ~ 800 倍液，1∶0.5∶200 的波尔多液，50% 多菌灵可湿性粉剂 800 倍液，50% 甲基托布津可湿性粉剂 500 倍液，77% 可杀得可湿性粉剂 500 倍液喷雾防治，每 7 ~ 10 天喷一次，连喷 2 ~ 3 次。

六、芹菜心腐病

芹菜的心腐病（图 6-1-8）是一种生理性病害，主要发病症状是芹菜外叶深绿，心叶干黄、腐烂。芹菜心腐病是春季芹菜生产中常见的一种生理性病害。芹菜生长点嫩组织变黑枯死。随后，芹菜根系及部分茎叶也相继死亡。

发病原因：土壤中钙的含量缺乏；土壤中硼的含量缺乏，造成芹菜根吸收钙困难；土壤中盐类浓度过大，造成钙的吸收困难；在干燥情况下氮肥用量过多造成根吸收硼困难，导致钙的吸收不足。

图 6-1-8　芹菜心腐病

防治方法：

（1）合理施肥。施足底肥并增施磷钾肥和硼肥，培育健壮植株以提高抗病力。不要过多地使用氮肥和钾肥，以避免造成硼肥吸收受阻。

（2）不使畦面过分干燥。合理灌溉，不大水漫灌。低温时，适当进行保温及灌水。

（3）及时清除病残体，合理密植，增加通风透光度。

（4）适量增施硼肥。

（5）药剂防治。发现病株立即拔除并用药剂控制，防止蔓延。

（6）调整土壤中氮磷钾硼钙等元素的含量。测土配方施肥。发病时可喷洒 0.3%~0.5% 的硝酸钙溶液。

七、芹菜病毒病

病害从苗期开始即可发病，叶片上表现为黄绿相间的斑驳，后变为褐色枯死斑，也可出现边缘明显的黄色或淡绿色环形放射状病斑，严重时病叶短缩，向上卷曲，心叶停止生长，甚至扭曲，全株矮化（图 6-1-9）。

图 6-1-9　芹菜病毒病

病原菌形态特征：黄瓜花叶病毒颗粒球状，体外存活期 3~4 天，钝化温度 60~70℃，不耐干燥。芹菜花叶病毒粒体线状，钝化温度 55~65℃，体外存活期 6 天。

画说棚室芹菜绿色生产技术

发病特点：两种病毒都靠蚜虫传播，人工操作摩擦接触也可以传毒，栽培条件差，缺肥、缺水，蚜虫多，发病重。

防治方法：

（1）加强栽培管理。采用轮作方法可减轻病害的发生。要施足底肥，加强田间管理。育苗期芹菜易感病，需降低苗床温度，减少光照，合理灌水，剔除病苗，培育壮苗。防旱，防涝，适时浇水施肥，促进植株健壮生长，提高抗病力。

（2）治蚜防病。全生育期要治蚜虫，避蚜、防蚜。可用50%辟蚜雾可湿性粉，剂2 000~3 000倍液，或用40%乐果乳油1 000倍液，50%马拉硫磷1 000倍液，50%菊马乳油2 000~3 000倍液，或用20%速灭杀丁5 000倍液。

（3）发病前，可用宁南霉素；三氮唑核苷，或吗胍·乙酸铜，视病情隔5~7天喷一次。

八、芹菜灰霉病

幼苗期多从根茎部发病，呈水浸状坏死斑，表面密生灰色霉层。成株期发病，多从植株心叶或下部有伤口的叶片发生，初为水浸状，后病部软化，腐烂或萎蔫，病部长出灰色霉层。严重时，芹菜整株腐烂（图6-1-10）。

图6-1-10　芹菜灰霉病

防治方法：加强温度、湿度管理及通风管理。具体做法为变温管理：即晴天上午晚放风，每次浇水后，进行高温闷棚，当棚温升至33℃，再开始放顶风，当棚温降制25℃，中午继续放风，使下午棚温保持在20~25℃；棚温降至20℃，关闭通风口以减缓夜间棚温下降，夜间棚温保持15~17℃；阴天打开通风口焕气。浇水易在上午进行，发病初期适当节制浇水，严防过量。药剂防治：发病初期喷洒20%搏容微乳剂1 000~2 000倍液、或用50%

利霉康可湿性粉剂 1 000 倍液、或用 25% 或米鲜胺乳油 1 200 倍液、50% 速克灵可湿性粉剂 1 500 倍液，每 5~7 天一次，连续喷洒 2~3 次。

九、猝倒病

幼苗茎基部呈水渍状、浅黄色，好像被开水烫过似的，很快转为黄褐色，缢缩成线状。该病发展迅速，子叶萎蔫，幼苗倒伏死亡。湿度大时可见到白色棉絮状物（图 6-1-11）。

图 6-1-11　芹菜猝倒病

防治方法：

（1）苗床选择。不使用重茬地的土作苗床土，不在重茬地内建苗床。苗床应建立在地势高、通风向阳、排灌方便、土质疏松而肥沃的无病地块，以没种过蔬菜的大田地块最好。苗床湿度不可过大，育苗不可过密。

（2）种子消毒。

（3）土壤消毒。

（4）加强苗床管理。早春育苗时要设法提高苗床温度，使气温保持在 15 ～ 20℃。提高苗床温度的方法可在草苫上盖一层薄膜以保温防雨等。苗床应尽量控制浇水，旱时要小水勤浇，并于上午浇水后适当通风，以控制湿度。及时除草，增加通风透光，提高幼苗抗病力。此外还可以在畦面上撒些干草木灰，以便降低苗床湿度，提高地温。苗床发病及时拔除病株并喷药防治。

（5）药剂防治。用硫酸铜、碳酸铵、石灰按 1：7：2 的比例混合，密闭 24 小时，制成铜氨合剂，再加水稀释 300 倍混匀喷洒；或用 75% 百菌清、50% 多菌灵可湿性粉剂 600 倍液、72% 的普力克水剂 600 倍液、64% 的杀毒矾可湿性粉剂 500 倍液喷洒；也可用 50% 敌克松 500 倍液灌苗床。

十、立枯病

立枯病（图 6-1-12）为土传病害，在苗期发生，发病初期

图 6-1-12　芹菜立枯病

在幼苗茎基出现暗褐色斑，稍凹陷，病部扩展绕茎一周，致幼苗枯死，但不折倒；根部染病变褐色或腐烂。

防治方法：要在搞好种子消毒（用 40% 拌种双可湿性粉剂按种子量 0.5%，或 95% 敌克松可湿性粉剂按种子量 0.5% 拌种，随拌随播）的同时，及时用药防控。发病初期每亩用杀毒矾 600 倍液，或用金雷多米尔 600 倍液，或用扑海因 2 000 倍液 50~60 千克交替喷雾，每 7~10 天 1 次，连喷 2~3 次。

十一、沤根

芹菜育苗期间，苗床湿度过高，长期低温，光照不足是引起沤根的主要原因。苗期遇连续阴雨、下雪等天气，畦面长时间低温高湿，最易导致沤根。

防治方法：

（1）苗床应选择地势较高，排水良好的地块。

（2）畦内施足充分腐熟的有机肥，改善床土壤的结构和通透性，畦面要平整，防止积水。

（3）苗期温度要保持在 15℃ 以上，防止低温和冷风侵袭。

（4）及时除草间苗，加强通风透光，提高幼苗抗性。

（5）发病初期及时松土，提高地温，促进根系生长。

第二节　芹菜虫害的防治

一、根结线虫

根结线虫仅为害根部（图 6-2-1）。芹菜被害后，地上植株，轻者症状不明显，重者生长不良，植株比较矮小，中午气温较高时，植株呈萎蔫状态，早晚气温较低或浇水后，暂时萎蔫的植株又可

图 6-2-1　芹菜根结线虫

恢复正常。根部以侧根和须根最易被害，上有大大小小的不同的根结，开始呈白色，后来成浅褐色。剖开根结，病部组织里有很小的乳白色线虫。识别要点：拔出根部，可以看到侧根和须根上有许多大小不等的肿瘤，也叫根结。而其他病害没有此症状产生。此病主要由植物寄生线虫根结线虫属南方根结线虫和爪哇根结线虫等多种根结线虫侵染引起。

　　根结线虫幼虫共 4 龄，喜温暖干燥的环境，最适病原线虫生长发育的土温为 25~30℃，土壤含水量 40% 左右。根结线虫在土温 10℃以下时，幼虫停止活动，55℃时，经 10 分钟即可死亡。卵囊和卵抵御不利环境条件能力较强。

　　芹菜最适感病生育期为苗期至成株期，发病潜育期 15~45 天。浙江及长江中下游地区芹菜根结线虫病的主要发病盛期在 6-10月。年度间夏、秋阶段性多雨的年份发病重，田块间连作地、地势高燥、土壤含水量低、土质疏松、盐分低的田块发病较重，栽培上大水漫灌的田块发病重。

　　防治方法：

　　（1）轮作。实行 3~4 年的轮作，最好实行与禾本科作物轮作。

　　（2）翻地。秋季或冬初进行深翻地，可消灭部分越冬害虫。

　　（3）育苗。在无病土壤育苗，有条件时可用无土育苗，防止秧苗带虫。

　　（4）管理。田间发现病株，或收获后，把病株残体集中烧毁或深埋，以减少田间病原。加强田间管理，合理浇水施肥，可促进植株健壮生长，提高抗病力，减少发病损失。

　　（5）药剂防治。育苗床在播种前 14~21 天，把滴 - 滴混剂施于地下 15~24 厘米土壤中，地面覆盖塑料薄膜，密闭 1~3 天即可杀死线虫。在播种或定植时，沟施或穴施 10% 力螨库颗粒剂，每公顷用药 75 千克。在生长期间也可用异柳磷乳剂 200 倍液灌根 1~2 次。

二、蛴螬

蛴螬是芹菜田常见害虫（图 6-2-2）。

防治方法：

图 6-2-2　蛴螬

（1）诱杀成虫。用灯光诱捕成虫。

（2）深翻土地。

（3）合理施肥。使用腐熟的粪肥。

（4）药剂防治。用 5% 辛硫磷颗粒剂每 667 平方米 2.5~5 千克，或用 14% 乐斯本颗粒剂 667 平方米 2.5~5 千克于畦内撒施。

也可用 50% 辛硫磷乳油 1 500 倍液。

三、蝼蛄

蝼蛄也是芹菜田常见害虫（图 6-2-3）。

防治方法：

图 6-2-3　蝼蛄

（1）灯光诱杀。

（2）毒饵防治。用 90% 敌百虫晶体 50 克，加适量水对成药剂，加 5 千克豆饼拌匀，每 667 平方米用 2~4 千克于傍晚施于田间毒杀蝼蛄。

（3）药剂防治。芹菜浇水前，每 667 平方米用 10% 辛硫磷颗粒剂 2.5 千克撒于畦内，然后浇水。

四、小地老虎

小地老虎也是芹菜田常见害虫（图 6-2-4）。

防治方法：

（1）清除虫源。早春清除菜园及周围杂草，防止地老虎成虫产卵。发现 1 ～ 2 龄幼虫要先喷药、后除草，以防止个别虫卵入土隐蔽。清除的杂草要远离菜田沤粪处理。

（2）诱杀防治。一种方法是黑光灯诱杀成虫，另一种方法是糖醋液诱杀成虫。糖醋液配制方法是由 6 份糖、3 份醋、1 份白酒、

图 6-2-4　小地老虎

10 份水、1 份 90% 的敌百虫农药调匀。在成虫发生期设置。

（3）人工捕捉。3 龄以上的幼虫，可在早晨刚咬断幼苗附近的表土层中捕捉。

（4）药剂防治。1~3 龄幼虫期抗药性差，且暴露在寄主植物或地面上，是药剂防治的适期。可采用灭杀毙乳油 8 000 倍液，2.5% 溴氰菊酯或 20% 菊·马乳油 3 000 倍液喷雾防治。也可用 40.7% 乐斯本乳油 1 000 倍液，50% 二嗪农乳油 1 000 ～ 1 500 倍液，50% 辛硫磷乳油 1 000 ～ 1 500 倍液灌根。

五、蜗牛

蜗牛也是芹菜田常见害虫（图 6-2-5）。

防治方法：

（1）人工诱捕。在田间用蜗牛成、幼贝喜食的菜叶或诱饵设置诱集堆，利用蜗牛白天躲藏的习性，在清晨捕杀被诱集到的蜗牛。

图 6-2-5　蜗牛

（2）铺设地膜栽培。用地膜阻隔、限制蜗牛移动，避光，减少对苗的危害。

（3）药剂防治。在沟边、地头或作物间撒石灰带，生石灰用量75~112.5千克/公顷；也可选用2%灭旱螺毒饵每亩用药量400~500克，茶子饼粉每亩用药量2.5~3千克，6%密达颗粒剂每亩用药量800~1 000克等点施于田间蜗牛经常出没处，每隔1米左右放一堆，每堆10~20米，用量是3.75~7.5千克/公顷。

（4）农业防治。清洁田园、清除杂草及砖石块，换茬田块及时中耕深翻，开好沟系降低地下水位，可破坏蜗牛栖息和产卵场所。在产卵高峰期，雨后抓紧锄草松土，使卵暴露土表受晒而死亡。

六、野蛞蝓

野蛞蝓也是芹菜田常见害虫（图6-2-6）。

图6-2-6　野蛞蝓

寄主为豆科、十字花科、茄科蔬菜和落葵、菠菜、生菜，以及棉、烟、杂草等。全地都发生，江南各地为适生区，在北方棚室内的发生为害逐年加重。

为害特点：蝓以齿舌刮食幼芽、嫩叶、嫩茎，幼苗受害可造成缺苗断垄，严重时成片被毁；成株期叶片出现缺刻或孔洞，严重时仅残存叶脉，植株受其排泄的粪便污染，易诱发菌类侵染而导致腐烂，降低产量和质量。

形态特征：体呈长梭形，光滑柔软，爬行时体长30~60毫米，宽4~6毫米。体表暗灰色、黄白色或灰红色，少数有不明显的暗带或斑点。触角2对，暗黑色。体背前端具外套膜，为体长的1/3，其边缘卷起，内有退化的贝壳，上有明显的同心圆生长线，同心圆状生长线中心的外套膜后端偏右。呼吸孔在体右侧前方，其上有细小的色线环绕。卵椭圆形，初产卵白色透明，可见卵核，近孵化时颜色变深。幼虫与成体形状相同，但幼体颜色较浅，呈淡褐色，体长2~3毫米。成虫、幼虫均分泌无色黏液。

土壤含水量 60%~85% 利其生殖。黏重土，低洼处蛞蝓多。喜温暖、潮湿环境，畏忌阳光，裸露在干燥条件下即死亡。成、幼体适宜活动的温度 15~25℃，相对湿度 85% 以上，春、秋季多露或雨后发生为害重，夏季高温干旱或冬季潜入隐蔽处土下休眠。蛞蝓白天潜藏作物根部湿土下或阴暗处，夜晚活动取食，阴雨天可昼夜为害。

防治方法：

（1）棚室通风透光，清除田间及棚室周围杂草。用杂草、菜叶等在棚室内做诱集堆，天亮前集中捕捉。

（2）蔬菜出苗或移栽后，在蛞蝓发生初期，用 6% 密达克 R 7.5 千克 / 公顷拌细干土 225~300 千克，于傍晚均匀撒在受害植株的行间垄上；也可采取条施或点施，药点间距 40~50 厘米为宜，或用 10% 多聚乙醛克 R 15 千克 / 公顷拌适量细干土撒施。

七、甜菜夜蛾

甜菜夜蛾（图 6-2-7）又名贪夜蛾。主要寄主有芹菜、菠菜、韭菜等多种蔬菜。初孵幼虫群集叶背，吐丝结网，在其内取食叶肉。3 龄以上的幼虫尚可钻蛀果实，造成落果、烂果。

发生特点：山东、江苏及陕西关中地区，一年发生 4~5 代，以蛹在土室内越冬，在广州无明

图 6-2-7　甜菜夜蛾

显越冬现象，终年繁殖为害。成虫夜间活动，有趋光性。幼虫 3 龄前群集为害，4 龄后，食量大增，昼伏夜出，有假死性。甜菜夜蛾是一种间歇性暴发的害虫，一年中以 7-10 月为害较重。

防治方法：

（1）秋耕或冬耕，可消灭部分越冬蛹。

（2）采用黑光灯或性信息素诱杀成虫。

（3）春季 3-4 月清除杂草，消灭杂草上的初龄幼虫。

（4）人工摘卵和捕捉幼虫。

（5）药剂防治。

抓住 1~2 龄幼虫盛期进行防治，可选用下列药剂喷雾：5%抑太保乳油 4 000 倍液；或用 5% 卡死克乳油 4 000 倍液；或用 5%农梦特乳油 4 000 倍液；或用 20% 灭幼脲 1 号悬浮剂 500~1 000倍液；或用 25% 灭幼脲 3 号悬浮剂 500~1 000 倍液；或用 40%菊杀乳油 2 000~3 000 倍液；或用 40% 菊马乳油 2 000~3 000 倍液；或用 20% 氰戊菊酯 2 000~4 000 倍液；或用茴蒿素杀虫剂500 倍液。

八、茶黄螨

茶黄螨（图 6-2-8）个体很小，成螨长约 0.2 毫米，椭圆形，淡黄色至橙黄色，较活泼，爬行时肉眼才容易发现。幼螨、若螨淡绿色，不活泼，一般借助放大镜才能看到。卵椭圆形，长约 0.1 毫

米。茶黄螨一年发生多代，生活周期短，在气温 28~30℃ 的条件下，4~5 天可完成一代，生活繁殖的最适温度为 16~23℃，相对湿度为 80%~90%，因此，温暖多湿的条件有利于茶黄螨的发生。

图 6-2-8　茶黄螨

茶黄螨为害植物有明显的趋嫩性，成、幼螨主要集中在植株的嫩部分刺吸为害，如新梢、嫩叶、嫩茎、花蕾、幼果等。植株已明显受害的老叶老茎等部位，螨虫早已离去，难以找到虫体。田间调查时，主要检查植株的幼嫩部位。

防治方法：

（1）消灭虫源。铲除田间、地边杂草、如灰黎、苋菜、马齿苋等茶黄螨的寄主，即时铲除，以减少虫源。

（2）药剂防治。在茶黄螨发生季节，随时进行田间调查，发现为害，及时喷药防治。药剂可用 1% 阿维菌素乳油 4 000 倍液、0.2% 苦参碱水剂 400 倍液、50% 辛硫磷乳油 1 000 倍液、80% 敌

敌畏乳油 1 500 倍液、2.5% 联苯菊酯乳油 3 000 倍液、20% 双甲脒乳油 1 500 倍液、15% 哒螨灵乳油 1 500 倍液等。喷药时，重点喷洒植株上部的幼嫩部位，如嫩叶背面、嫩茎、花器等。

九、蚜虫

芹菜蚜虫 (图 6-2-9) 多发生在高温、干旱的夏、秋芹菜栽培中。防治方法：

（1）清洁田园（清除枯枝烂叶和杂草）。

（2）注意防治周围田间蚜虫（消灭虫源）。

（3）在芹菜田使用银灰色遮阳网覆盖避蚜。

（4）药剂防治。用 20% 杀灭菊酯 3 000~4 000 倍液，或用 40% 乐果 1 000 倍液、50% 抗蚜威（避蚜雾）2 000~3 000 倍液等喷雾防治。

图 6-2-9　蚜虫

第三节　芹菜草害的防治

芹菜田易发生莎草（图 6-3-1）、马齿苋（图 6-3-2）、马唐（图 6-3-3）、野苋菜（图 6-3-4）等杂草为害，特别是露地栽培的芹菜和育苗地发生较重。露地栽培芹菜采用人工除草用工可占整个栽培管理过程的 40% 以上，尤其费工。应用化学除草非常必要。

育苗芹菜化学除草：播后出苗前每亩用 48% 氟乐灵乳油 100~150 毫升或 48% 地乐胺乳油 200 毫升，喷雾处理土壤，然后混土；出苗后用 35% 除草醚乳油 500 毫升对茎叶喷雾处理。育苗芹菜的耐药力强，适应多种除草剂，但小苗刚出土、幼茎尚未直立时易产生药害。

图 6-3-1　莎草

图 6-3-2　马齿苋

图 6-3-3　马唐

图 6-3-4　野苋菜

移栽芹菜化学除草：在移栽前或移栽后均可用 48% 氟乐灵乳油 100~150 毫升 /667 平方米或 48% 地乐胺乳油 200~250 毫升 /667 平方米，喷雾处理土壤，移栽前施药，药液要渗入表土 1~5 厘米，然后移栽；移栽后施药要结合中耕混土。移栽芹菜还可用：20% 除草醚微粒剂 1 000~1 500 克 /667 平方米，加土 20~30 千克制成毒土，芹菜移栽缓苗后撒施；25% 除草醚可湿性粉剂 1 000~1 250 克 /667 平方米，加土 20~30 千克制成毒土撒施，然后浇水；25% 除草醚乳油 500~625 毫升 /667 平方米，芹菜缓苗后杂草刚出土时喷施。

注意事项：一是合理选择除草剂。除草剂选择性很强，无论哪一种除草剂在应用前一定要弄清楚名称、含量、适应作物、禁忌作物、除草类别、施用浓度及方法等。二是除草剂的正确使用。

应用除草剂畦面应平整，土壤细碎、湿润。除草剂的使用一般在杂草真叶长出之前效果最好，灭除大草用药量要适当增加。三是要选择晴朗、无风、气温较高的天气进行，雾滴要细，喷雾要均匀。四是地膜覆盖田内使用除草剂时药效更高，用药量要相对减少，一般比露地用药量减少 20% 左右。五是每次除草剂喷雾使用的药械一定要将残液倒净，并用碱水清洗 2~3 遍，然后再用清水冲洗干净，以免残留药液造成药害。有条件的话，喷除草剂的药械最好专用。六是芹菜喷施除草剂后，若发生药害，可喷施惠满丰活性液肥 800 倍液缓解药害。

药后管理：在沙质土壤用药时，喷药后不可积水。需要特别注意的是，芹菜生长前期和中期生长过程缓慢，经历时间长，田间易滋生杂草，这个时候在除草的过程中，再配合施肥，效果会更好，定植后至封垄前，中耕 3~4 次，中耕结合培土，有利于芹菜生长。

第四节　芹菜的常见生理性病害及其防治措施

一、先期抽薹

在芹菜收获前，植株若长出花薹，会使芹菜品质下降,被称品质下降被称为先期抽薹现象(图6-4-1)。导致芹菜先期抽薹的原因主要有：芹菜幼苗在 2~3 片真叶以后通过春化阶段；温度过低。在长日照、高温环境下即可防止芹菜抽薹。防止芹菜先期抽薹的措施如下。

（1）科学选种，选用冬性强，通过春化阶段需要条件严格的品种，也可选用营养生长旺盛的品种，播种前应用新高脂膜拌种能驱避地下病虫，隔离病毒感染，不影响萌发吸胀功能，加强呼吸强度，提高种子发芽率。

（2）最好采用新种，新的、饱满的种子比

图 6-4-1　先期抽薹（左为正常芹菜,右为抽薹芹菜）

陈年的种子长成的植株旺盛，先期抽薹现象较轻，采种时应严格按照农艺操作技术要求，严防采用先期抽薹植株留种，否则会大大降低品种冬性，造成品质退化，加剧先期抽薹现象的发生。

（3）预防低温，冬春育苗期，适期播种，注意保温，避免苗期处在8℃以下的低温，适时喷施新高脂膜保温防冻，并及时采取防冻措施，夜间温度应在8~12℃，白天温度15~20℃，防止幼苗通过春化阶段。

（4）加强管理，定植后要加强肥水管理，及时防治病虫害，确保其正常生长发育，防止干旱、少肥、蹲苗，促进营养生长，抑制生殖生长，并配合喷施壮茎灵，可使植物秆茎粗壮、植株茂盛，同时可提升抗灾害能力，减少农药化肥用量，降低残毒，提高芹菜天然品味。

（5）适时收获，在花薹尚未长出前采收，或用劈叶收获法，均可减轻先期抽薹的危害，切勿到抽薹株老时收获。

二、空心现象

症状：芹菜空心症状是指从叶柄基部向上发展，空心部位出现白色絮状木栓化组织（图6-4-2）。

发生原因：芹菜生长期缺水缺肥，肥水供应不均匀或肥料过剩，干燥、低温、收获过晚、喷洒赤霉素浓度过大、次数过多等因素都可能诱发空心。

防治方法：

（1）品种选用。一些品种属于空秆品种，生产上要选择实秆的品种，如美国芹菜、意大利冬芹等。

（2）种子选用。有此品种在生产中出现退化现象，由实心的变成的空心的，所以在生产中要

图6-4-2　芹菜空心

选择种性纯、质量好的实秆品种。

（3）栽培技术。在芹菜生长过程中，特别是中后期，如遇高

温、干旱、肥料不足、病虫危害等因素，芹菜的根系吸水肥力下降，地上部得不到充足的营养，叶片生理功能下降，制造的营养物质不足会导致空心发生，所以在生产中除了定植后适当蹲苗外，在旺盛生长期前后一定要水、肥猛攻。一直到收获前5~6天才能停止。

（4）掌握好收获适期，收获过晚易出现空心现象。

三、纤维增多

芹菜叶柄中的维管束周围是厚壁组织，在叶柄表皮下有厚角组织。厚角组织是芹菜叶柄中的主要机械组织，支撑叶柄挺立。正常情况下，维管束、厚壁组织、厚角组织皆不发达，所以芹菜纤维素较少，叶柄脆嫩，品质好。但在生产上往往因高温、干旱、水肥不足等因素影响，使芹菜厚壁组织增加、厚角组织增厚、薄壁细胞减少，从而表现为纤维素增加。纤维素增加的结果会大大降低芹菜的品质。芹菜在生长季节如遇高温、干旱、缺水等因素，导致芹菜体内水分不足，叶柄的厚角组织增厚，故而纤维增多。如果芹菜缺肥或遇病、虫为害，往往会造成其薄壁细胞大量破裂，使厚壁组织、厚角组织增加，芹菜中的纤维素含量提高。为了防止其纤维素增多，改善芹菜品质，应加强水、肥供应，多浇水降地温，及时防治病、虫害等。总之，若栽培管理得当，芹菜的品质就会得到改善。同时，适时收获也是防止芹菜老化和纤维素增多的措施之一。

四、叶柄开裂

（1）症状。芹菜叶柄开裂主要表现为茎基部连同叶柄同时裂开（图6-4-3）。

（2）发生原因。开裂的原因一是缺硼引起的；二是在低温、干旱条件下，生长受阻所致。此外，突发性高温、高湿，植株吸水过多，造成组织快速充水，也会造成开裂。

图6-4-3　芹菜叶柄开裂

（3）防治方法。一是施足充分腐熟的有机肥，每亩施入硼砂1千克，与有机肥充分混匀；二是叶面喷施0.1%~0.3%硼砂水溶液，另外，管理中注意均匀浇水。

五、缺素症

1.缺氮症

（1）症状。生长减慢，植株矮小，叶色淡绿，首先从下部叶片开始变为黄色，老叶呈黄色，生长差。

（2）发生原因。土壤有机质少，供氮能力低，施氮稍有不足，容易出现缺氮症。芹菜茎、叶生长速度快，不及时追肥或追肥不足，造成植株缺氮。

（3）防治方法。增加土壤有机质，培肥地力，增加土壤供氮能力，少量多次追施氮肥，以防氮素流失，造成缺氮。

2.缺磷症

（1）症状。根系发育不良，植株矮小，自下部叶片开始变黄并杂有棕褐色，叶色蓝绿，老叶呈黄色，过早死亡。

（2）发生原因。土壤有机质贫乏，土壤供磷不足，低温减少了对磷的吸收。

（3）防治方法。重视有机肥料的投入，增强土壤微生物活性，加速土壤熟化，提高土壤有效磷；合理施用磷肥，提高磷肥利用率。

3.缺钾症

（1）症状。植株生长矮，从植株下部老叶叶尖，叶缘开始黄化，沿叶肉向内延伸，叶脉间产生黄褐色小斑点成块斑，病症由下位叶向上位叶发展。叶片向回卷缩，叶尖、叶缘呈现黄褐色枯焦，似灼烧状。

（2）发生原因。有机质比较少，有效钾不足，芹菜需钾量大，比氮高2倍，从土壤中携出大量的钾，使钾迅速耗尽，偏施高氮导致氮钾养分失调而缺钾。

（3）防治方法。发现缺钾症状及时施用钾肥，每亩施用K$_2$O

10~20 千克。

4. 芹菜"干烧心"（缺钙）

（1）症状。开始时芹菜心叶叶脉间变褐色，以后叶缘细胞逐渐死亡，呈黑褐色（图6-4-4）。生育前期较少出现，一般主要发生在 11~12 片叶时。

（2）发病原因。主要是由缺钙引起的。大量施用化肥后易使土壤酸化而缺钙，施肥过多，特别是氮肥、钾肥过多，会影响芹菜根系对钙的正常吸收。另外，低温、高温、干旱等不良环境条件均会降低根系活力，减弱根系对钙的吸收能力。

（3）防治方法。选择中性土壤种植芹菜，对酸性土壤要施入适量石灰，把土壤的酸碱性调到中性。多施有机肥，避免过量施用氮肥、钾肥，尤其

图6-4-4　芹菜"干烧心"

不要一次大量施用速效氮肥。避免高温、干旱，温度过高要通风降温，保持土壤湿润，小水勤浇，不能忽干忽湿。发生"烧心"时，要及时向叶面喷施 0.5% 氯化钙或硝酸钙水溶液，也可喷施钙肥。

5. 缺镁症

（1）症状。植株下位叶褪绿黄化，老叶近叶缘处开始迅速褪绿，叶脉仍保持绿色。叶片首先在叶脉间和叶缘开始黄化，严重时整株发黄，并伴有棕、紫杂色。

（2）发生原因。酸性土壤或含钙多的酸性土壤容易缺镁，低温使根对铁的吸收受到阻碍，大量施用氮、钾、钙肥时，容易引起缺镁。

（3）防治方法。对于土壤供镁不足（有效镁含量小于 100 毫克/千克）造成的缺镁可施镁肥补充，每亩施用硫酸镁（以毫克计）2~4 千克。用 1%~2% 硫酸镁或硝酸镁溶液叶面喷施，每隔

5~7 天喷 1 次，连喷 3~5 次。

6. 缺硫症

（1）症状。植株较矮，整株呈淡绿色，嫩叶显示出特别的淡绿色。

（2）发生原因。长期不施含硫化肥或有机肥，易发生缺硫。

（3）防治方法。施用有机肥或适量配合施用含硫化肥，可防止缺硫。

7. 缺硼症

（1）症状。表现为叶柄异常肥大、短缩，并向内侧弯曲，弯曲部分的内侧组织变褐，逐渐龟裂，叶柄扭曲以致劈裂。由幼叶边缘向内逐渐褐变，最后新叶坏死。

（2）发生原因。产生缺硼的原因，一是由于土壤中缺硼所致，二是土壤中其他营养元素偏多，因而抑制了对硼的正常吸收。另外，在高温干旱的条件下，也易发生缺硼症。

（3）防治方法。如果土壤缺硼，每 667 平方米可施用硼砂 1 千克，以补充硼元素的不足；发现缺硼症状后，可用 0.1%~0.3% 的硼砂水溶液，进行叶面喷雾。

8. 缺锰症

（1）症状。叶片呈无光泽的暗绿色，同时叶缘褪绿，叶缘部的叶脉间呈淡绿色至黄白色。

（2）发生原因。缺锰通常发生在碱性、石灰性土壤和沙质酸性土壤上。过量施用石灰质或碱性肥料使土壤有效锰的含量急剧下降，从而诱发缺锰。

（3）防治方法。施用硫黄中和土壤碱性，降低土壤 pH 值，提高土壤中锰的有效性，用量每亩 1.5~2.0 千克。每亩施硫酸锰 1~2 千克，撒施或条施。

第七章 芹菜的采后处理、贮藏

第一节 芹菜的采后处理

一、芹菜的耐藏类型

芹菜有实心种（图7-1-1）和空心种（图7-1-2）两类。实心色绿的芹菜耐寒力较强，较耐挤压，经过储藏后仍能较好地保持脆嫩品质，适于储运。空心类型品种储藏后叶柄变糠、纤维增多、质地粗糙，不适宜储藏。

芹菜虽喜冷凉环境，但受冻害的芹菜不耐储运，遭霜后的芹菜叶子变黑。一般供储藏的芹菜都应晚播晚收，但必须赶在霜前收获。收获芹菜要连根铲下，除假植储藏连根带土外，其他储藏方式的芹菜带根宜短并应清除泥土。

图7-1-1　实心芹菜

图7-1-2　空心芹菜

二、芹菜的分级

长距离运输销往外地的芹菜，为了求得较好的价格，对品质有一定的要求。标准的商品芹菜应具有本品种固有形状、色泽优良、成熟度适宜、质地脆嫩、无萎蔫和无抽薹；清洁、新鲜、无泥土和不可食叶片；无杂物、无腐烂、无病虫害和其他伤害。实心芹菜叶柄不空心、宽厚，叶色深绿，口感脆嫩。大小规格可以单株质量作为分级依据，分为大（＞400克）、中（300~400克）、小（＜300克）三级。

一般芹菜的分等级标准如下：

1. 一等

鲜嫩色正，株高40厘米以上，不空心，去根，洗净，无病虫害。

2. 二等

鲜嫩色正，株高35厘米以上，略有病虫害，加工整修，去根，洗净。

3. 三等

新鲜，不过老，无严重病虫害，加工整修，去根，洗净。凡有机械损伤者、空心者、带根者均降价10%。

三、芹菜的包装（图7-1-3）

芹菜以往较少包装或包装粗放。长途运输的芹菜一般都要包装。

图7-1-3　芹菜包装

（一）小束小捆包装

这种保鲜包装是用天然植物藤或塑料绳将芹菜扎成小束或小捆，一般每束（捆）为1~2.5千克，主要用于短时间的运输储藏和销售。也有的用牛皮纸或塑料（聚乙烯）薄膜将芹菜装成筒状，这种方式可连叶和茎秆（叶柄）一同捆扎，也可将叶去掉，专捆茎秆。

（二）竹筐包装

在放入芹菜之前先在筐底铺上一层干碎草，芹菜根部朝下竖放其中，码好后在芹菜顶部再覆盖一层干碎草，最后喷洒清水。该法适于较粗放的运输。

（三）草袋和塑料袋包装

草袋用水浸渍后，再把芹菜整株装入，缺点是支撑力较小而易使芹菜遭受机械损伤。塑料袋包装（图7-1-4）价格低廉、易保湿、应用较广，但也因支撑力较小而易使芹菜遭受机械损伤，仅适于较粗放的运输。

图 7-1-4　芹菜塑料袋包装

（四）纸箱包装（常用透气纸箱）（图7-1-5）

每箱20千克，将处理后的芹菜（去根，去黄叶、病叶、不卫生叶等不可食用外叶）按相同品种、相同等级、相同大小规格集中堆置，包装纸箱应有透气孔，是适于长途运输的精品包装，一般进行差压预冷宜采用此法。用纸箱包装时，应先用塑料包好，再放入纸箱内。

包装上的标志和标签应标明产品名称、生产者、产地、净含量和采收日期等，要求字迹清晰、完整、准确。

包装容器应整洁、干燥、牢固、透气、无污染、无异味，内壁无尖突物。每批芹菜所用的包装、单位净含量应一致。

目前较高档的芹菜包装为纸箱、塑料箱、

图 7-1-5　芹菜纸箱包装

大塑料袋(袋装 10 千克以上)等,高档芹菜均先用塑料袋密封包装,然后再用纸箱进行大包装。

四、芹菜的预冷

一般运输的芹菜,在采收后,摘除黄枯烂叶,打成小捆,置于阴凉处进行预储散热即可。长距离运输的芹菜宜进行差压预冷处理,在预冷前,将预冷库温调控在 0℃,将密封好的菜箱码放在差压预冷通风设备前,并使纸箱有孔两面垂直于进风风道且每排纸箱开孔对齐。风道两侧纸箱要码平,如预冷量少可两侧各码 1 排,如预冷量大可两侧各码 2 排,堆码高度以低于帆布高度为准,两侧顶部和侧面均应码齐。

纸箱码好后,将通风设备上部帆布打开盖在菜箱上,注意要平铺不要打折,帆布到侧面要贴近菜箱垂直放下,防止帆布漏风。打开差压预冷系统并将时间继电器调到所要预冷的时间,如码放 1 排可调到 3 小时、码放 2 排要调到 4 小时,到时间后会自动停止通风 (如有真空预冷设备可用真空预冷,预冷时间为 45 分钟左右)。

五、芹菜的储藏

不能及时鲜销的芹菜,可采用埋藏、冻藏、窖藏、温室码储、气调储藏等方法储藏,短期储存适于运到销售地后的储藏。储存时,温度保持 0~2℃,空气相对湿度 98%~100%。

(一)小包装气调冷藏

将带短根(根长 2~5 厘米)收获的芹菜经过分级挑选后,于 0~2℃的空屋内预储散去田间热,然后装在有孔的聚乙烯膜衬垫的板条箱或纸箱内,或将厚 0.08 毫米厚聚乙烯膜制成 100 厘米 ×75 厘米的袋子,每袋装芹菜 10~15 千克,扎紧袋口,于 0℃左右的冷库中储藏。用箱子储藏的,储藏前在地面上铺放粗麻袋片并保持其湿润,码放高度不超 4 个箱子,并在箱子中间加放木条,留下通风道。用塑料袋包装且扎紧袋口的要进行人工调气,通过自然降氧后，当袋内含氧量降到 5% 左右时，打开袋口，通风换气。

此外，还可采用松扎袋口法储藏，即扎口时先插一直径 15~20 毫米的圆棒，扎后拔出使扎口处留有空隙。采用小包装气调冷藏的芹菜，可从 10 月储藏到春节。

（二）短期储藏

芹菜的短期储藏期为 3~5 天，在运输到目的地后，大量的芹菜堆放在露天中，菜垛中间积热，加上机械损伤，容易大量腐烂，如遇寒流，温度降至 –10~–5℃时，易造成冻害。短期储藏通常保持 0~5℃的恒温，有条件的可放在恒温库中储存。

露地储存，夜间应加盖草苫保温防冻，白天设法遮阳防晒，芹菜不能堆放太厚，最好是根朝下，叶朝上，捆挨捆摆好，行与行间有一定缝隙。为防止芹菜失水萎蔫，可经常喷少许水，然后再盖上草苫，有条件的最好用浸透水的草袋子整株全部包好，或用塑料袋全株包装。

六、芹菜的储藏病害

芹菜储藏病害主要有细菌性软腐病、斑枯病和灰霉病。

（一）细菌性软腐病

开始时呈水浸状小斑点，后扩大成大斑点，颜色由绿色变成褐色，防治方法主要是储藏前要用浓度为 70~100 毫克 / 千克漂白粉水冲洗，晾干水分，在 0~2℃低温条件下储藏。

（二）斑枯病

在田间入侵，在储藏期进一步蔓延为害，最初症状为叶片着生浅褐色水浸状斑点，后病斑逐渐扩大变褐并呈圆形，周边着生黑点，多呈褐色凹陷，防治方法是维持低温（0℃左右）储藏，并做好田间防病和储藏前的选别工作，采前可用 65% 代森锌 500 倍液喷雾。

（三）灰霉病

贮藏 1 个月或更久的芹菜易造成损失，初期为水浸状黄褐色斑点，后萎缩，潮湿时长满灰白色霉层，严重时整株腐烂，防治方法是迅速降低菜温并贮藏于 0℃ 左右的温度下。

七、芹菜的运输（图 7-1-6）

芹菜收获后应就地修整，及时包装、运输。高温季节长距离运输宜在产地预冷，并用冷藏车运输，低温季节长距离运输，宜用保温车，如用卡车宜加盖棉被或其他保温措施，严防受冻。运输工具清洁卫生、无污染。运输途中（长途运输）要经常喷水，保持芹菜有充足的湿度（图 7-1-7）。

图 7-1-6　芹菜运输

图 7-1-7　芹菜喷水保湿

第二节　芹菜的贮藏

一、芹菜的贮藏特性

芹菜在贮藏过程中易发生褪绿黄化，这个过程与贮藏温度和气体成分有关，如果贮藏温度适宜，再配合一定的气调可延长贮藏时间，并减缓褪绿黄化。芹菜贮藏过程中易发生的另一个生理现象是糠心，就是芹菜基部中心发空，出现海绵状组织，这除与温度和气体成分有关外，还与品种特性有关，因此，在品种选择上要注意选择实心、深绿色的品种。

贮藏的适宜环境条件：芹菜贮藏的适宜温度为 –1~0℃，长时间低于 –1℃易受冻害，高于0℃又容易黄化、发糠。芹菜叶面积大，蒸腾量大，贮藏中失水是品质下降的一个重要原因。因此，贮藏环境中相对湿度要求达到 95%~98%。贮藏环境中，2%~3% 的氧和 4%~5% 的二氧化碳，可以显著地抑制芹菜叶绿素和蛋白质降解，保持芹菜的贮藏品质。

　　贮前准备：采前农业技术措施，贮藏用的芹菜必须生长健壮、植株整齐，叶片及叶柄鲜绿色，无病虫害，为此，栽培上要加强肥水管理，单株或双株定植 15 厘米 × 15 厘米防止密度过大，形成弱苗。芹菜最容易遭蚜虫为害，要注意防治。

二、芹菜的贮藏前管理

（一）采收（图 7-2-1）

　　芹菜只能忍受轻霜冻，应在霜冻前采收。采收时带根与否要视贮藏方法而定，假植贮藏时，带土连根铲下，小包装气调贮藏时，留根 2~3 厘米。采收时，注意不要折断叶柄，轻拿轻放，尽量减少机械损伤。

图 7-2-1　芹菜采收

（二）预冷加工

　　采收的芹菜要及时运回冷库（图 7-2-2）预冷，预冷温度 –1~0℃，在预冷的同时，迅速加工整理。去掉黄柄烂叶及挤压碰伤的外层叶柄，选择健壮植株，根部对齐，用绳捆成 1~1.5千克的把，置于贮藏架上预冷，当芹菜体温与库温基本一致时即可装袋气调。

图 7-2-2　冷库

三、芹菜的贮藏保鲜方法

（一）芹菜的假植保鲜方法

假植芹菜贮藏是指将适期收获的芹菜，成墩栽植于阳畦或沟内，墩与墩之间留有适当的通风空隙，可以继续吸收一些水分、养分，使其处于微弱的生长状态，从而达到保鲜的目的。

假植畦面底宽 1.2 米，阳畦长度视贮量多少而定。畦底应铺 10~15 厘米厚的熟土和适量的有机肥料，土、肥要掺匀整平。

芹菜收刨要仔细，防止伤秆、伤根。收刨后去掉大块泥土，摘除发黄的叶子，剔除伤残病株，大小分为两级分开移植，每墩 4~5 株。假植方法与一般栽芹菜方法相似，只是密度较大，墩与墩之间留有 5~10 厘米的空隙。假植时应随刨、随植。

假植完毕立即浇水浸泡根部，以后视土壤干湿情况可再浇水 1~2 次，保持土壤绝对湿润。整个贮藏期以维持畦（沟）内温度 0℃ 左右为宜。夜间若需覆盖，覆盖物应有横杆支撑。以后随天气变冷需逐步加厚覆盖物。贮藏期间要注意通风换气。立春之后，气温回升，要注意多放风。如能覆盖塑料薄膜，可使畦温提高，芹菜还能生长，春节期间投放市场，品质好，价格高。只要贮藏期间能管理仔细，损失率仅在 5% 左右。

（二）芹菜的沟藏

在墙后、屋后等常年遮阳处或风障后，挖贮藏沟。沟深可与芹菜高度一致，也可半挖半筑。沟宽 40～50 厘米，长度根据芹菜的数量和场地决定。挖沟时不能太宽，否则芹菜呼吸产生的热量不易散发出去，对芹菜贮藏不利。芹菜收获后，去掉老叶、黄叶，每 2.5 千克打成一捆，趁早晨或傍晚冷凉时将芹菜捆密排入沟内，盖上覆盖物。覆盖的方法是：芹菜入沟后的前段时间，由于气温较高，为了防止芹菜上部叶子蒸发萎蔫，一般用湿度大的草苫盖好。土壤封冻时，在芹菜上盖 5 厘米左右的细土。以后芹菜顶部要保持 -2℃ 的低温，同时要经常检查，避免温度高芹菜腐烂。沟藏法使芹菜上部处于冻结状态，下部维持生命但不维持生长。上市前从沟内轻轻取出芹菜进行"缓醒"，经 2 ～ 3 天化冻，恢复解冻状态时上市出售。

（三）芹菜的冷冻窖藏法

我国南北各地冻藏方法不同。山东多在风障北侧建冻藏窖。窖的四周用夹板植土夯实，做成厚 50~70 厘米、高 100 厘米的窖。在南墙中心，每隔 70~100 厘米处立一直径约 10 厘米的木杆，墙打成后再拔出，以便建成一排通气孔。在孔的底部挖宽、深各 30 厘米的通风沟，穿过北墙在地面开口，使通气孔、通风沟相连，构成一个通风系统。

在通风沟上铺两层秋秸，一层细土。收获芹菜后预冷 1~3 天，去掉黄叶，捆成 5~10 千克的捆。捆捆依次挤实。根朝下斜放窖内，第二排叶部压在第一排叶柄中部，全部装满后再在芹菜上盖一层约 3 厘米厚的潮细土。菜叶呈似露非露状。后随着外界气温的降低分期加盖覆土。覆土总厚度以不超过 20 厘米为宜。外界气温在 -10℃以上时，通风口要开放。在 -10℃以下要堵塞北墙外的进风口，以便菜叶呈现白霜，叶柄和根系不受冻害为宜。窖上宜盖草帘。

辽南多用半地下窖冻藏芹菜，其结构与山东基本一致，但窖墙厚度增至 85 厘米，相当于本地冻土层的深度。在最冷的天气总覆土厚度增至 30 厘米。

冻藏芹菜在上市前先要解冻，一般出窖前 5~6 天拔掉荫障，埋在北侧作为风障（障沟在上冻前挖好）。窖面要扣上玻璃或塑料薄膜，覆土化冻一层，铲去一层，直到覆土除净、芹菜解冻时为止。解冻，也称醒芹。醒芹是一个缓慢的过程，一般需经 4 天以上时间和适宜的温度。温度既不能过高，亦不能过低。温度过高（高于 15℃）则解冻速度快，芹菜失水情况严重，醒好的芹菜呈萎蔫状态；温度过低（低于 3℃）则醒芹太慢，或已解冻的芹菜又冻结，起不到醒芹的作用而不能尽快上市。

醒芹的方法有 3 种：

（1）室内醒芹法。将芹菜从贮藏窖内取出，轻拿轻放，运至

已备好的大地窖、地下室或塑料棚内，竖排在一起或平放于地面，芹菜上面盖湿麻袋片或塑料薄膜，以防芹菜失水。醒芹期间使室内温度从2~3℃缓慢上升到13~15℃，如天气太冷，可适当加温。加温的温度不能上升得太快、太高。一般经4~5天芹菜即可解冻，恢复新鲜状态。

（2）阳畦醒芹法。潍坊称为土醒芹。方法为建一风障，风障前挖宽1~1.5米、深0.3~0.4米、长度不限的沟。芹菜从贮藏窖起出后平放（或稍倾斜）在沟内，放满后用湿润土盖严，以芹菜不外露为准。芹菜在沟内即可缓慢解冻。如果天气冷，沟上还可以盖一层塑料薄膜。醒芹期间，每天晚上沟面都要盖上草苫，白天揭去，以防再冻。经4~6天即能醒芹。

（3）原窖醒芹法。上市前，将窖南荫障拆除（或据天气情况移到窖北面），利用太阳热使土层和芹菜缓慢解冻。醒芹期间，每天下午将解冻的覆土除去，晚间在窖顶加盖草苫以保温，白天揭去接受阳光。最后一层3~5厘米厚的覆土解冻后不再除去。一般7~10天即能醒好。

前2种醒芹方法，每次醒芹数量少，适于分批醒芹，陆续上市。后一种方法醒芹简便，醒芹数量多，适于大量上市，但需时间较长。

醒芹后期，每天要扒开覆土（或草苫）进行观察。醒好的芹菜表现为：已恢复新鲜状态；霜冻结晶解除；叶片、叶柄不再僵硬。充分醒好的芹菜即可出窖上市。

（四）芹菜的松扎口法

用700毫米×1100毫米的保鲜袋，将预冷后的芹菜根朝里梢向外定量装入保鲜袋，每袋装10~15千克，摆放在贮藏架上，松扎袋口贮藏。方法是在扎口时插入一根小木棒，扎完后抽出小木棒，这样可留均匀一致的口径调气孔，口径以3厘米为宜。

（五）芹菜的定期放风法

所用保鲜袋和装袋容量同上，不同的是扎紧袋口，定期测定袋内的氧气和二氧化碳浓度，当氧气浓度低于 2% 或二氧化碳浓度高于 5% 时，就要开袋放风。这种方法可贮藏 3 个月，商品率达 90% 以上。

（六）芹菜的冷藏法

芹菜不加包装在冷库贮藏的主要问题是失水，干耗大。为此，可将芹菜加工后摆放在贮藏架上，厚度 30~40 厘米，上下都用塑料薄膜或湿草帘铺盖，经常保持湿润。要经常保持库内较高的相对湿度。此法贮藏一般不超过 2 个月。

（七）芹菜的植物激素处理

采前 1~2 天，用 30~50 毫克 / 升的 GA 田间喷株，也可在采后当天或次日在室内喷株，晾去水滴预冷，达到要求后，装入保鲜袋贮藏，松扎袋口，在 0℃下贮藏 3 个月，商品率可达 95% 以上。

主要参考文献

王迪轩 .2014. 芹菜采后处理技术 [J]. 科学种养，(2):20.

肖万里，杨文霞，郎德山，等 . 2012. 韭菜芹菜高效栽培技术 [M]. 山东科学技术出版社 .

杨文霞，肖万里，李志鹏，等 .2012. 韭菜芹菜栽培答疑 [M]. 山东科学技术出版社 .

滕亚芳 .2014. 日光温室芹菜栽培技术 [J]. 蔬菜 (2)：53–54.